AF491525

safeCreative
1 208220 666580
Registered works

ISBN: 9798597490618

Manual de

Metrología

Industrial

Historia, fundamentos, conceptos y ejercicios

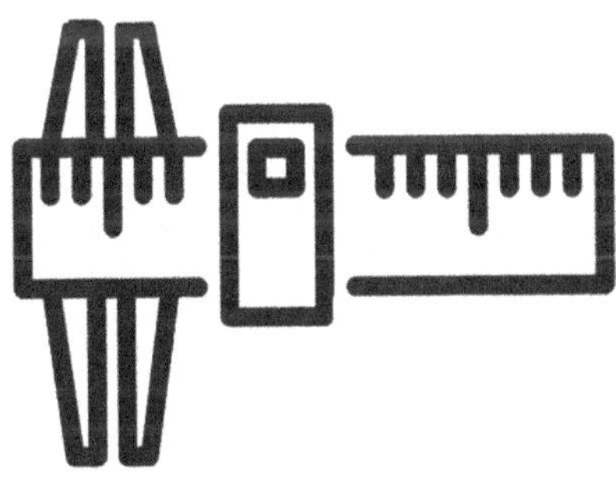

Edición EMD

Primera edición

Comunidad Europea

2021

Índice

Introducción a la Metrología

La Metrología

La metrología (del griego "μετρον", medida y "λογος", tratado) es la ciencia y técnica que tiene por objeto el estudio de los sistemas de pesos y medidas, y la determinación de las magnitudes físicas. Históricamente esta disciplina ha pasado por diferentes etapas; inicialmente su máxima preocupación y el objeto de su estudio fue el análisis de los sistemas de pesas y medidas antiguos, cuyo conocimiento se observa necesario para la correcta comprensión de los textos antiguos. Ya desde mediados del siglo XVI, sin embargo, el interés por la determinación de la medida del globo terrestre y los trabajos que al efecto se llevaron a cabo por orden de Luis XVI, pusieron de manifiesto la necesidad de un sistema de pesos y medidas universal, proceso que se vio agudizado durante la revolución industrial y culminó con la creación de la Oficina Internacional de Pesos y Medidas y la construcción de patrones para el metro y el kilogramo en 1872. Establecidos ya patrones de las unidades de medida fundamentales por la oficina mencionada, la metrología se ocupa hoy día, sin olvidar su vertiente histórica, del proceso de medición en sí, es decir, del estudio de los procesos de medición, incluyendo los instrumentos empleados, así como de su calibración

---

periódica; todo ello con el propósito de servir a los fines tanto industriales como de investigación científica. Son innumerables las definiciones que existen alrededor la palabra Metrología. Sin embargo, se recogerán algunas de las más importantes, expresadas por influyentes entidades y personas que se ocupan de este apasionado campo. Según el Doctor John A. Simpson de la National Bureau of Standars, en su artículo "Los fundamentos de la metrología" , define la metrología como la ciencia de la medición y explica que usualmente se emplea el término con sentido más restringido, para señalar aquella parte de la ciencia de la medición que sirve para proveer, mantener y diseminar un conjunto consistente de unidades, o para dar una base sobre la cual se podrá fundamentar la obligación del cumplimiento o de las normas de equidad en el comercio expresadas por las leyes de pesas y medidas, o para suministrar los datos necesarios para el control de la calidad en la industria.

Historia y evolución de la metrología

Los historiadores coinciden en señalar que las primeras medidas que el hombre concibió fueron las de la longitud y masa siendo las medidas de longitud las que precedieron a todas las otras. Lo anterior se puede explicar debido a que, por ejemplo, el tiempo es una cantidad abstracta y el peso sólo adquiriría sentido hasta que más tarde se desarrollara algún tipo de referencia para comparar la cantidad de masa. Sin embargo, el primer periodo evolutivo de la metrología, si se considera desde el punto de vista evolucionista, fue el antropométrico, en el que las unidades básicas de las medidas son partes del cuerpo humano. Aún hoy persisten dichas medidas que se emplean muy domésticamente para solucionar pequeños inconvenientes o como unidades de medición en sofisticados instrumentos de medida. El hombre primitivo mide el mundo con su propio cuerpo. Es decir, el hombre mide el mundo consigo mismo. Se puede traer a colación la famosa frase de Protágoras: "Hombre, medida del universo". Mientras que sólo se trataban de medidas aproximadas, el ser humano empleó el Codo, como la longitud del antebrazo desde el codo hasta la punta de los dedos, siendo el antebrazo el jeroglífico egipcio con el que se representaba esta medida. El palmo, desde la punta del dedo meñique hasta la punta del dedo pulgar cuando la mano está totalmente extendida, siendo aproximadamente igual al codo. la longitud del Pie, una medida sumamente cómoda que era equivalente a unos dos tercios de un codo. Los hombres además emplearon su propia estatura como aproximadamente igual a la distancia desde las puntas de los dedos de una mano hasta las puntas de los dedos de la otra mano cuando los brazos están totalmente extendidos horizontalmente, esta equivalía a cuatro codos o a una Braza definida como la longitud de los dos brazos extendidos de un vikingo, existe un Relieve Griego que data del año 460-450 a.C. en donde una figura humana representa la braza, y está acompañada de un pie. Es de destacar, que desde el punto de vista del intelecto humano es loable la transición de las imágenes concretas personales desde el punto de vista de cada individuo mi braza, mi pie, tu braza, tu pie, etc., a "el dedo", "la braza" etc. como un concepto general. Suele suceder, sin embargo, por ejemplo, que "el dedo" como un concepto abstracto, (medida antropométrica) sea definido por elementos no antropométricos. Por ejemplo, La Definición Musulmana Medieval de "el dedo", lo considera como la longitud de seis Granos de Avena yuxtapuestos, mientras que cada uno de los granos tiene un ancho equivalente a seis pelos de una cola de mula. Lo escrito arriba, se verá mejor cuando se analice el siguiente periodo metrológico que sucedió al periodo antropométrico. Todo lo anterior conlleva a pensar que el sistema antropométrico de medidas era muy cómodo. Las medidas eran comprendidas universalmente. Todas las personas podían portarlas siempre a cualquier parte y las pequeñas diferencias individuales (debido a la diversidad en longitudes de pies, palmos, codos, etc.) no revestían mayor importancia, no se necesitaba mayor grado de exactitud y las diferencias se podían arreglar con algunas concesiones beneficiosas para las partes. Otra peculiaridad de las medidas antropométricas se puede encontrar en el carácter significativo de las mismas como consecuencia del uso de diferentes medidas para objetos diversos. El segundo periodo evolutivo de la metrología busca sus unidades de medición en Personajes importantes, condiciones, objetos y resultados de la labor humana. En muchos casos, el desarrollo de sistemas metrológicos estuvo regido por las condiciones de vida y de trabajo como sucedió con las medidas agrarias. La razón era que las medidas antropométricas variaban de un individuo a otro dando como comienzo a discrepancias entre individuos hasta tal punto que ese pie, esa palma, ese dedo, debían corresponder al jefe de la Tribu, al Príncipe o al Rey o algunos objetos que se establecían como patrones o referencias. Mediante unos ejemplos, se puede ilustrar lo anteriormente escrito: Los nómadas del Sahara donde la exacta apreciación de la distancia entre un pozo de agua y el siguiente tiene una importancia de vida o muerte, poseen una terminología muy rica en cuanto a las medidas de longitud. Allí el camino se mide en Tiros de Bastón, Tiros de Arco, Alcance de la Voz, Alcance la Vista desde la Grupa de un Camello, por la marcha desde el amanecer hasta el ocaso, desde la primera hora de la mañana, media mañana, medio día, por la marcha de un hombre cargado y uno sin carga, por la marcha de un asno o un buey cargado, por la marcha en terreno fácil o difícil, etc. Estas unidades tienen una existencia de por lo menos mil años. El mundo de las medidas ha utilizado referencias ajenas al propio cuerpo y de ahí que se explique su extraordinaria diversidad si no, por ejemplo, veamos más de ellas: Las antiguas recetas etíopes dan como medida de la Sal: la cantidad necesaria para cocinar una gallina. Universalmente se encuentra la distancia correspondiente al recorrido de una flecha como medida de distancias. Más insólita esta forma de medir distancias utilizada en recorrido de un hacha lanzada hacia atrás por un hombre sentado. En Eslovaquia se utiliza para medir distancias el tiro de piedra, mientras que en Letonia se utilizaba en pleno siglo XIX el tiro de piedra y el tiro de arco. Otras formas de medición que utilizan referencias extracorporales se pueden encontrar en la alta edad media en Europa en donde se utilizan dos clases de medidas para las superficies agrarias como son : El tiempo de trabajo (como por ejemplo la unidad que los franceses denominan arpent y los naturales de Borgoña, champaña y otras provincias Journau y que está definida como la superficie que dos bueyes o caballos pueden arar en un día) y por la cantidad de granos sembrados (durante la siembra en forma manual la cantidad de pasos equivalen a la cantidad de puñados lanzados, utilizada en la antigua Polonia). Continuando con la historia de la metrología, se ha reconocido como la unidad patrón de longitud que tiene más antigüedad el Cubit Real Egipcio que era igual a la longitud del brazo con la mano extendida del Faraón que reinara en el momento. Se sabe que 3000 años a. C. esta medida fue reemplazada por unidades normalizadas divididas en partes iguales y construidas en granito negro que sirvieron como patrón. El pueblo egipcio se caracterizó por ser una sociedad avanzada en lo Científico y Comercial y es así que, dentro del terreno de las mediciones, legaron a la humanidad maneras de determinar el peso de objetos o sustancias utilizando para ello sofisticadas balanzas cargadas de significado místico religioso, como de práctico y que eran complementadas por pesas en forma de animales domésticos y pájaros como se muestra en sus pictogramas. También emplearon la balanza los Romanos quienes la desarrollaron con una variante, en la que el objeto que se quiere pesar no es equilibrado variando el peso en el otro extremo de un brazo de longitud fija, como la egipcia, sino moviendo un peso fijo a lo largo del brazo, de tal forma, que graduando apropiadamente éste, se puede leer directamente el peso del objeto o sustancia. Dicha balanza se denominó Romana y data aproximadamente del año 79 después de Cristo. La balanza de paso posteriormente, en la época medieval al surgimiento de medidas de volumen cuyo destino era la determinación de cantidades tanto de áridos (especialmente granos) como de líquidos. Dichas medidas se efectuaban por medio de un patrón que consistía en un recipiente que tenía forma de tonel y que era fabricado en cobre o por medio de un recipiente cilíndrico excavado en madera. Estos se extendieron con el nombre de Korzec o Boisseau. Este sencillo artefacto, sin embargo, no era de fácil manufactura y se prestaba a su alterabilidad por lo que tuvo que ser reglamentado en las diversas regiones de la Europa del Medioevo. Tratando de resumir hasta aquí el hombre estableció medidas que primeramente estuvieron relacionadas con la longitud, peso y tiempo, para posteriormente agregar el volumen y ángulo fruto de la necesidad de erigir las construcciones (Pirámides, Palacios, Vías de comunicación, Canales de riego, etc.). Para todas estas necesidades de medir, llegó a establecer unidades y patrones. En el caso del tiempo, el hombre primitivo sólo se interesó por la actividad diaria que comenzaba al amanecer y acababa con el crepúsculo. Más bien, era importante para él la sucesión de las estaciones en relación con la maduración de los frutos y granos y las migraciones estacionales de buena parte de la vida animal, y en cuanto se establecieron asentamientos permanentes, el ciclo de las estaciones determinó las épocas para las diversas operaciones del periodo agrícola. Un tercer periodo evolutivo de la metrología, lo constituye, las tendencias unificadoras que, a lo largo de la historia, han sido influidas por dos grandes factores de peso: la comercialización y la voluntad de los estados por injerencia de sus reyes, originando como consecuencia, la tendencia a la mutabilidad y la inercia. Eduardo I de Inglaterra en 1239 ordenó por primera vez la confección de una barra de hierro para ser utilizada como patrón en todos sus dominios y estableció que 1 pie = 1/3 yarda definida como la distancia entre la nariz y el pulgar con el brazo extendido del rey Enrique V. La primera yarda que todavía existe fue establecida por Enrique VII en 1497 y luego viene la yarda de Elizabeth I en 1558. Una nueva yarda de Bronce fue fabricada por John Bird en 1760. Se utilizan dos puntos finos con tapas de oro colocadas dentro de 2 agujeros de la barra de bronce. Se legalizó en 1824 con el nombre de Imperial Standard Yard. En el siglo XVII en Francia se inventó la TOESA equivalente a 1 m. 904 mm de longitud. Según B.A. Rybakov, tras analizar textos relativos a la medición Antropológica, por una parte, y efectuar mediciones antropométricas de varios hombres de 170 cm. de altura, demostró la existencia de diversos métodos para establecer cada una de las medidas antropométricas de longitud que para el caso de la Toesa sería equivalente a la longitud entre las puntas de ambos dedos de en medio con los brazos abiertos, o entre ambas muñecas, o desde la punta del dedo de en medio del brazo levantado hasta el suelo , todo dependía de región geográfica. Esta toesa se materializó en una barra de hierro que se fijó en uno de los muros del palacio de Chatelet. El 14 de septiembre de 1918 fue adoptado en la URSS por un decreto del consejo de los comisarios del pueblo. En 1958 comenzó a aplicarse en Japón. Actualmente, dentro de los países más importantes, únicamente los anglosajones no lo utilizan, pero han logrado dentro de sus fronteras una homogeneidad metrológica avanzada. Sin embargo, hasta el 26 de marzo de 1791 no aceptó la Asamblea Constituyente el principio de tomar como fundamento para el nuevo sistema de pesas y medidas, la longitud del meridiano medida sobre el segmento que une Dunkerque con Barcelona, propuesta por Condorcet a quien se le había encomendado la tarea de unificación y quien era secretario de la Academia de Ciencias. Un cuarto periodo evolutivo de la metrología lo constituye la historia, de la unificación por excelencia que son: <u>El Sistema Métrico Decimal y el Sistema Internacional de Unidades</u> (S.I.).

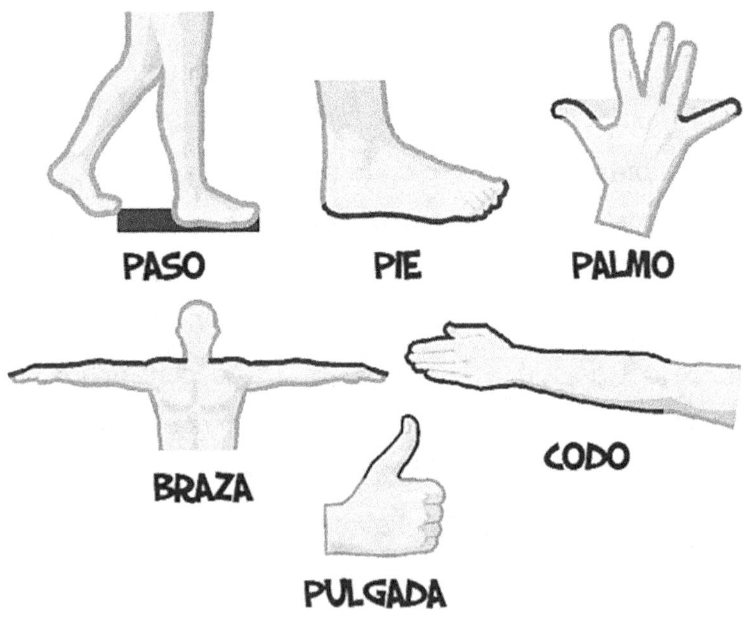

Unidades de Medida

La idea inicial del sistema métrico, como un sistema de unidades basado en el metro y el kilogramo, surgió durante la Revolución Francesa, cuando se construyeron dos artefactos patrones de referencia de platino, para el metro y el kilogramo, y se depositaron en el Archivo Nacional Francés de París en 1799 - más tarde serían conocidos como el Metro de los Archivos y el Kilogramo de los Archivos. La Academia Francesa de Ciencias fue la encargada, por la Asamblea Nacional, de diseñar un nuevo sistema de unidades para ser usado en todo el mundo y, en 1946, el sistema MKSA (metro, kilogramo, segundo, amperio) fue aceptado por los países de la Convención del Metro. En 1954, el sistema MKSA se amplió para incluir el kelvin y la candela. El sistema asumió entonces el nombre de Sistema Internacional de Unidades, SI (Le Systéme International d'Unités). El sistema Internacional, SI, fue establecido en 1960 por la 11 a Conferencia General de Pesas y Medidas, CGPM: "El Sistema Internacional de Unidades, SI, es el sistema coherente de unidades adoptado y recomendado por la CGPM". En la CGPM, en 1971, el SI fue ampliado de nuevo al añadir el mol como unidad básica para la cantidad de sustancia. El sistema SI está compuesto en la actualidad por siete unidades básicas que, junto con las unidades derivadas, forman un sistema coherente de unidades. Además, otras unidades fuera del sistema SI se aceptan para su uso con unidades del SI. Las siete unidades básicas del S.I. son:

MAGNITUD BÁSICA	NOMBRE	SÍMBOLO
LONGITUD	metro	m
MASA	kilogramo	kg
TIEMPO	segundo	s
INTENSIDAD ELÉCTRICA	ampere	A
TEMPERATURA TERMODINÁMICA	kelvin	K
CANTIDAD DE SUBSTANCIA	mole	mol
INTENSIDAD LUMINOSA	candela	cd

Magnitudes y unidades básicas del sistema S.I.

Unidades SI básicas

Una unidad básica es una unidad de medida de una magnitud básica, en un sistema determinado de magnitudes. La definición y realización de cada unidad básica del SI se modifica conforme la investigación metrológica va descubriendo la posibilidad de lograr una definición y realización más exacta de la unidad. Ejemplo: En 1889 la definición del metro se basó en el prototipo internacional de platino-iridio, ubicado en París. En 1960, el metro fue redefinido como 1 650 763,73 longitudes de onda de una línea espectral específica del kriptón 86. En 1983, esta definición se había vuelto insuficiente y se decidió redefinir el metro como la longitud del trayecto recorrido por la luz en el vacío durante un intervalo de tiempo de 1/299 792 458 de segundo, y materializándose mediante la longitud de onda de la radiación de un láser de helio-neón estabilizado sobre lodo. Estas redefiniciones han reducido la incertidumbre relativa de 10-7 a 10-11.

Definiciones de las unidades SI básicas

-El metro es la longitud del trayecto recorrido en el vacío por la luz durante un tiempo de 1/299 792 458 de segundo

-El kilogramo es la unidad de masa; es igual a la masa del prototipo internacional del kilogramo.

-El segundo es la duración de 9 192 631 770 periodos de la radiación correspondiente a la transición entre dos niveles hiperfinos del estado fundamental del átomo de cesio 133.

-El amperio es la intensidad de una corriente constante que, manteniéndose en dos conductores paralelos, rectilíneos, de longitud infinita, de sección circular despreciable y situados a una distancia de 1 metro uno del otro, en el vacío, produciría entre estos conductores una fuerza igual a 2 x 10-7 newton por metro de longitud.

-El kelvin, unidad de temperatura termodinámica, es la fracción 1/273,16 de la temperatura termodinámica del punto triple del agua.

-El mol es la cantidad de sustancia de un sistema que contiene tantas entidades elementales como átomos hay en 0,012 kilogramos de carbono-12; su símbolo es el "mol". Cuando se emplee el mol, deben especificarse las entidades elementales, que pueden ser átomos.

-La candela es la intensidad luminosa, en una dirección dada, de una fuente que emite una radiación monocromática de frecuencia 540 x 1012 hercios y cuya intensidad energética en dicha dirección es de 1/683 vatios por estereorradián.

Los nombres de los múltiplos y submúltiplos de las unidades, se forman por medio de prefijos:

FACTOR	PREFIJO	SÍMBOLO	FACTOR	PREFIJO	SÍMBOLO
10^{1}	deca	da	10^{-1}	deci	d
10^{2}	hecto	h	10^{-2}	centi	c
10^{3}	kilo	k	10^{-3}	mili	m
10^{6}	mega	M	10^{-6}	micro	µ
10^{9}	giga	G	10^{-9}	nano	n
10^{12}	tera	T	10^{-12}	pico	p
10^{15}	peta	P	10^{-15}	femto	f
10^{18}	exa	E	10^{-18}	atto	a
10^{21}	zetta	Z	10^{-21}	zepto	z
10^{24}	yotta	Y	10^{-24}	yocto	y

Las unidades suplementarias, de otra parte, son:

Unidades suplementarias

MAGNITUD BÁSICA	NOMBRE	SÍMBOLO
ángulo plano	radián	rad
ángulo sólido	estéreo-radián	sr

MAGNITUD DERIVADA	UNIDAD SI DERIVADA Nombre especial	SÍMBOLO Símbolo Especial	Expresión en UNIDADES SI	Expresión en UNIDADES SI BÁSICAS
ángulo plano	radián	rad	--	$m \cdot m^{-1} = 1$
ángulo sólido	estereorradián	sr	--	$m^2 \cdot m^{-2} = 1$
frecuencia	hercio	Hz	--	s^{-1}
fuerza	newton	N	--	$m \cdot kg \cdot s^{-2}$
presión, tensión	pascal	Pa	N/m^2	$m^{-1} \cdot kg \cdot s^{-2}$
energía, trabajo, cantidad de calor	julio	J	$N \cdot m$	$m^2 \cdot kg \cdot s^{-2}$
potencia, flujo radiante	vatio	W	J/s	$m^2 \cdot kg \cdot s^{-3}$
cantidad de electricidad, carga eléctrica	culombio	C	--	$s \cdot A$
diferencia de potencial eléctrico, fuerza electromotriz	voltio	V	W/A	$m^2 \cdot kg \; s^{-3} \; A^{-1}$
capacidad eléctrica	faradio	F	C/V	$m^{-2} \cdot kg^{-1} \; s^4 \cdot A^2$
resistencia eléctrica	ohmio	Ω	V/A	$m^2 \cdot kg \; s^{-3} \cdot A^{-2}$
conductancia eléctrica	siemens	S	A/V	$m^{-2} \cdot kg^{-1} \; s^3 \cdot A^2$
flujo magnético	weber	Wb	$V \cdot s$	$m^2 \cdot kg \cdot s^{-2} \; A^{-1}$
densidad de flujo magnético	tesla	T	Wb/m^2	$kg \; s^{-2} \; A^{-1}$
inductancia	henrio	H	Wb/A	$m^{+2} \cdot kg \cdot s^{-2} \; A^{-2}$
temperatura Celsius	grado Celsius	°C		K
flujo luminoso	lumen	lm	$cd \cdot sr$	$m^2 \cdot m^{-2} \cdot cd = cd$
iluminancia	lux	lx	lm/m^2	$m^2 \cdot m^{-4} \cdot cd = m^{-2} \; cd$
actividad (de un radionucléido)	becquerel	Bq	--	s^{-1}
dosis absorbida, energía másica (comunicada), kerma	gray	Gy	J/kg	$m^2 \cdot s^{-2}$
dosis equivalente, índice de dosis equivalente	sievert	Sv	J/kg	$m^2 \cdot s^{-2}$
actividad catalítica	katal	kat	--	$s^{-1} \cdot mol$

Unidades SI derivadas

Una unidad derivada es una unidad de medida de una magnitud derivada en un sistema dado de magnitudes. Las unidades SI derivadas derivan de las unidades SI básicas, de acuerdo con la conexión física existente entre las magnitudes. Ejemplo: A partir de la conexión física existente entre: la magnitud longitud, medida en la unidad m, y la magnitud tiempo, medida en la unidad s, se deriva la magnitud velocidad medida en la unidad m/s. Las unidades derivadas se expresan en unidades básicas por medio de los símbolos matemáticos de multiplicación y división. La CGPM ha aprobado los nombres y símbolos especiales para algunas unidades derivadas. Algunas unidades básicas se utilizan en magnitudes diferentes. Una unidad derivada se puede a menudo expresar con diferentes combinaciones de:

1) Unidades básicas.

2) Unidades derivadas con nombres especiales.

En la práctica hay una preferencia por nombres de unidades especiales y combinaciones de unidades, con el fin de distinguir aquellas magnitudes diferentes que tienen la misma dimensión. Por tanto, un instrumento de medida debe indicar tanto la unidad, como la magnitud medida por el instrumento. Ejemplos de unidades SI derivadas, cuyos nombres y símbolos incluyen unidades SI derivadas con nombres y símbolos especiales.

Unidades fuera del SI

Las unidades fuera del SI que se aceptan para su uso junto con las unidades del SI, debido a que son ampliamente utilizadas o porque se utilizan en áreas temáticas específicas.

La tabla siguiente presenta ejemplos de unidades fuera del SI que se aceptan para su uso en determinadas áreas temáticas.

MAGNITUD	UNIDAD	SIMBOLO	VALOR EN UNIDADES SI
presión	bar	bar	1 bar = 100 kPa = 10^5 Pa
presión sanguínea	milímetro de mercurio	mmHg	1 mmHg = 133 322 Pa
longitud	ångström	A	1 A = 0,1 nm = 10^{-10} m
distancia	milla náutica	M	1 M = 1852 m
área, superficie (sección)	barn	b	1 b = 10^{-28} m^2
velocidad	nudo	kn	1 kn = (1852/3600) m/s

La tabla siguiente indica las unidades fuera del SI, que son aceptadas para su uso en áreas temáticas específicas y cuyo valor está determinado experimentalmente.

MAGNITUD	UNIDAD	SIMBOLO	DEFINICION	VALOR EN UNIDADES SI [NT15]
energía	electrón-voltio	eV	1 eV es la energía cinética adquirida por un electrón al atravesar una diferencia de potencial de 1 V en el vacío	1 eV= 1,602 176 53 (14)·10^{-19} J
masa	unidad de masa atómica unificada	u	1 u es igual a 1/12 de la masa en reposo de un átomo neutro de Carbono 12 en el estado fundamental	1 u = 1,660 538 86 (28)·10^{-27} kg
longitud	unidad astronómica	ua		1 ua = .495 978 706 91(6)·10^{11} m

La tabla siguiente indica las unidades fuera del SI, que son aceptadas para su uso en áreas temáticas específicas y cuyo valor está determinado experimentalmente.

Los dos últimos dígitos del número entre paréntesis representan la incertidumbre combinada (factor de cobertura k=1

MAGNITUD DERIVADA	UNIDAD DERIVADA	SÍMBOLO	Expresión en UNIDADES SI BÁSICAS
viscosidad dinámica	pascal segundo	Pa · s	m^{-1} kg s^{-1}
momento de una fuerza	newton metro	N · m	m^2 kg s^{-2}
tensión superficial	newton por metro	N/m	kg s^{-2}
velocidad angular	radián por segundo	rad/s	m m^{-1} s^{-1} = s^{-1}
aceleración angular	radián por segundo cuadrado	rad/s^2	m m^{-1} s^{-2} = s^{-2}
densidad superficial de flujo térmico, irradiancia	vatio por metro cuadrado	W/m^2	kg s^{-3}
capacidad térmica, entropía	julio por kelvin	J/K	m^2 kg s^{-2} K^{-1}
capacidad térmica másica, entropía másica	julio por kilogramo y kelvin	J/(kg · K)	m^2 s^{-2} K^{-1}
energía másica	julio por kilogramo	J/kg	m^2 s^{-2}
conductividad térmica	vatio por metro y kelvin	W/(m · K)	m kg s^{-3} k^{-1}
densidad de energía	julio por metro cúbico	J/m^3	m^{-1} kg s^{-2}
intensidad campo eléctrico	voltio por metro	V/m	m kg s^{-3} A^{-1}
densidad de carga eléctrica	culombio por metro cúbico	C/m^3	m^{-3} s A
densidad de carga superficial densidad flujo eléctrico desplazamiento eléctrico	culombio por metro cuadrado	C/m^2	m^{-2} s A
permitividad	farad por metro	F/m	m^{-3} kg^{-1} s^4 A^2
permeabilidad	henrio por metro	H/m	m kg s^{-2} A^{-2}
energía molar	julio por mol	J/mol	m^2 kg s^{-2} mol^{-1}
entropía molar, capacidad calorífica molar	julio por mol y kelvin	J/(mol · K)	m^2 kg s^{-2} K^{-1} mol^{-1}
exposición (rayos x y γ)	culombio por kilogramo	C/kg	kg^{-1} s A
tasa de dosis absorbida	gray por segundo	Gy/s	m^2 · s^{-3}
intensidad radiante	vatio por estereorradián	W/sr	m^4 m^{-2} kg s^{-3} = m^2 . kg s^{-3}
concentración catalítica (actividad)	katal por metro cúbico	kat/m^3	m^{-3} s^{-1} . mol

Escritura de los nombres y símbolos de las unidades SI

Los símbolos se escriben en minúscula, pero la primera letra de un símbolo se escribe con mayúsculas si:

El nombre de la unidad procede del nombre de una persona o el símbolo es el comienzo de una frase.

Ejemplo: La unidad kelvin se escribe como el símbolo K.

Los símbolos deben permanecer invariables en plural, (no se añade una "s").

Los símbolos no van seguidos de un punto, salvo que se encuentren situados al final de una frase.

Las unidades combinadas por multiplicación de varias unidades deben escribirse con un punto a media altura entre los símbolos de las unidades, o con un espacio.

Ejemplo: N-m o N m.

Las unidades combinadas por la división de dos unidades deben escribirse con una barra de división entre los símbolos o con un exponente negativo.

Ejemplo: m/s o m-s-1.

Las unidades combinadas sólo deben incluir una barra diagonal como símbolo de división. No obstante, se permite el uso de paréntesis o exponentes negativos para las combinaciones complejas.

Ejemplo: m/s2 o m-s-2, pero no m/s/s.

Ejemplo: mkg/(s3A) o mkgs-3A-1, pero nunca mkg/s3/A ni m-kg/s3-A.

Los símbolos deben estar separados de sus valores numéricos por un espacio.

Ejemplo: 5 kg no 5kg.

Los símbolos y los nombres de las unidades no deben mezclarse.

Notación numérica

Debe dejarse un espacio entre grupos de 3 dígitos, tanto a la izquierda como a la derecha de la coma (15 739,012 53). En números de cuatro dígitos puede omitirse dicho espacio. La coma no debe usarse como separador de los miles.

Las operaciones matemáticas solo deben aplicarse a los símbolos de las unidades (kg/m^3), no a los nombres de éstas (kilogramo/metro cúbico).

Debe estar perfectamente claro a qué símbolo de unidad pertenece el valor numérico y qué operación matemática se aplica al valor de la magnitud: Ejemplos: 35 cm x 48 cm no 35 x 48 cm 100 g ± 2 g no 100 ± 2g.

Clasificación de la Metrología

De acuerdo a su función

Metrología legal

La metrología legal tiene por función establecer el cumplimiento de la legislación metrológica oficial como: conservación y empleo de los patrones internacionales primarios y secundarios, así como mantener laboratorios oficiales que contrasten las mediciones comerciales contra los patrones oficiales.

Metrología científica

La metrología científica tiene por función buscar y materializar los patrones internacionales para que éstos sean más fáciles de reproducir a nivel internacional, encontrar los patrones más adecuados para los descubrimientos que se hagan en el futuro y analizar el sistema internacional de medidas, con el objeto de elaborar las normas correspondientes. No está relacionada con los servicios de calibración que se hacen en la industria y el comercio.

Metrología industrial

Tiene por función dar servicio de medición y calibración de patrones y equipos a la industria y comercio. Compete a los laboratorios autorizados.

De acuerdo al tipo de técnica de medición

- Metrología geométrica o dimensional
- Metrología eléctrica
- Metrología química
- Metrología fotométrica
- Metrología de presión o neumática
- Metrología acústica
- Metrología de tiempo y frecuencia
- Metrología óptica

Y así sucesivamente, según las muchas áreas de la ciencia física.

Medición

La medición sirve para la determinación de tamaño, cantidad, peso o extensión de algo, que describe a un objeto mediante magnitudes numéricas. Esta proporciona una manera fácil, casi única, de controlar la forma en que se dimensionan las partes. Tiene como propósito reconocer el tamaño exacto de las partes y facilitar la inspección ágil, sujeta a requerimientos y especificaciones determinados, de antemano, a la fabricación.

Clasificación de las mediciones

Medición directa

La medición directa es la que se realiza con la ayuda de aparatos graduados como los son: la regla, el metro, el calibrador Vernier, entre otros.

Medición indirecta

Cuando se dificulta medir directamente una magnitud, ya sea porque no se cuenta con el instrumento adecuado o la magnitud es de difícil acceso, es posible efectuar una estimación de dicha magnitud a través de un cálculo matemático o bien in instrumento de medición intermedio.

Explicación estadística

Para explicar la parte estadística en la metrología, empecemos con una pequeña definición sobre la desviación estándar. La desviación estándar (o) es el promedio de lejanía de los puntajes (datos) respecto del promedio (p).

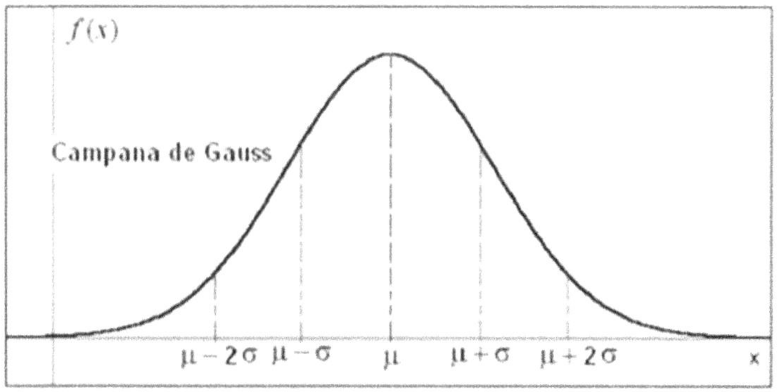

Campana de Gauss mostrando una y dos desviaciones estándar

Todos los procesos de medición tienen variaciones aleatorias por lo que un conjunto de mediciones se puede representar como una función de probabilidad. Una manera de disminuir las implicaciones de estas variaciones sobre un resultado esperado es expresando las mediciones con un rango de tolerancias aceptable; también existe otra manera de reducir las variaciones aleatorias especificando el nivel de incertidumbre asociado a las mediciones.

Pruebas estadísticas

Para evaluar la precisión de las mediciones, el analista debe utilizar métodos estadísticos, los cuales incluyen límites de confianza, rechazo de puntos aberrantes, análisis de regresión para establecer graficas de calibración, pruebas de significación, cálculo de la desviación estándar, entre otros. En la figura, se muestra en forma teórica la variación de un juego de datos, indicando la medida y la desviación estándar.

Instrumento de medición

Un instrumento de medición es un equipo, aparato o máquina que realiza la lectura de una propiedad (o característica) de una variable aleatoria, la procesa, la traduce y la hace entendible al analista encargado de la medición.

Calibración

Conjunto de operaciones que establecen, bajo condiciones específicas, la relación entre los valores indicados por un "instrumento de medición", o los representados por una medida materializada, y los valores conocidos correspondientes de una magnitud medida. En otras palabras: Es el conjunto de operaciones que tienen por finalidad determinar los errores de un instrumento de medición, y en caso necesario otras características metrológicas.

Calibración del instrumento

Para garantizar la uniformidad y la precisión de las medidas, los instrumentos de medición se calibran conforme a los patrones nacionales de pesos y medidas aceptados internacionalmente para una determinada unidad de medida, como el ohmio, el amperio, el voltio o el vatio, centímetro, micras, grados, gramos, kilos, etc. Muchas empresas e instituciones se dedican a dar servicios de calibración y asesorías.

Precisión

Se habla de precisión cuando existe la ausencia de errores sistemáticos. Es el grado de similitud entre dos o varias mediciones consecutivas del mismo objeto, con el mismo aparato y con el mismo procedimiento (incluida la persona).

Exactitud

Concordancia de una medición con el valor verdadero conocido, para la cantidad que se está midiendo.

Desviación entre el valor medido y el valor de un patrón de referencia tomado como verdadero.

Patrón

Instrumento de medición destinado a definir o materializar, conservar o reproducir la unidad o varios valores conocidos de una magnitud, para transmitirlos por comparación a otros instrumentos.

Trazabilidad

Propiedad de un resultado de medición consistente en poderlo relacionar a los patrones apropiados, generalmente internacionales o nacionales, mediante una cadena ininterrumpida de comparaciones, respaldados por informes escritos y certificados (en tiempo y lugar) por autoridad competente.

Confiabilidad

Condición en la cual los resultados obtenidos son iguales a los resultados deseados o previstos. Asociada a la confiabilidad existe la contraparte llamada incertidumbre de medición.

Incertidumbre de medición

Estimación que caracteriza el intervalo de valores dentro de los cuales se encuentra el valor verdadero de la magnitud.

Resolución

Es la menor división o la lectura más pequeña que se puede hacer en un instrumento de medición.

Rango

Indica cual es la medición mínima y máxima que se puede realizar con un determinado instrumento de medición.

Clasificación de instrumentos y aparatos de medición en metrología dimensional

Características de la metrología

Por conveniencia, se hace a menudo una distinción entre los diversos campos de aplicación de la metrología; suelen distinguirse como Metrología Científica, Metrología Legal y Metrología Industrial.

Metrología científica

Es el conjunto de acciones que persiguen el desarrollo de patrones primarios de medición para las unidades de base y derivadas del Sistema Internacional de Unidades, SI.

Metrología industrial

La función de la metrología industrial reside en la calibración, control y mantenimiento adecuados de todos los equipos de medición empleados en producción, inspección y pruebas. Esto con la finalidad de que pueda garantizarse que los productos están de conformidad con normas. El equipo se controla con frecuencias establecidas y de forma que se conozca la incertidumbre de las mediciones. La calibración debe hacerse contra equipos certificados, con relación válida conocida a patrones, por ejemplo, los patrones nacionales de referencia.

Metrología legal

Según la Organización Internacional de Metrología Legal (OIML) es la totalidad de los procedimientos legislativos, administrativos y técnicos establecidos por, o por referencia a, autoridades públicas y puestas en vigor por su cuenta con la finalidad de especificar y asegurar, de forma regulatoria o contractual, la calidad y credibilidad apropiadas de las mediciones relacionadas con los controles oficiales, el comercio, la salud, la seguridad y el ambiente.

Las medidas

Magnitud es todo aquello que se puede medir, que se puede representar por un número y que puede ser estudiado en las ciencias experimentales (que observan, miden, representan). La Medida es el resultado de medir, es decir, de comparar la cantidad de magnitud que queremos medir con la unidad de esa magnitud. Este resultado se expresará mediante un número seguido de la unidad que hemos utilizado. Todas las medidas vienen condicionadas por posibles errores experimentales (accidentales y sistemáticos) y por la sensibilidad del aparato. Es imposible conocer el "valor verdadero" de una magnitud. La teoría de errores acota los límites entre los que debe estar dicho valor. El error en las medidas tiene un significado distinto a "equivocación": el error es inherente a todo proceso de medida. A continuación, se describen los distintos tipos de errores producidos durante la medición de una magnitud y su naturaleza.

Errores sistemáticos

Son los que se repiten constantemente y afectan al resultado en un solo sentido (aumentando o disminuyendo la medida).

Pueden ser debidos a un mal calibrado del aparato, a la utilización de fórmulas (teoría) incorrectas, al manejo del aparato de forma no recomendada por el fabricante, etc.

Estos errores sólo se eliminan mediante un análisis del problema y una auditoría de un técnico más cualificado que detecte lo erróneo del procedimiento.

Errores accidentales o aleatorios

No es posible determinar su causa. Afectan al resultado en ambos sentidos y se pueden disminuir por tratamiento estadístico: realizando varias medidas para que las desviaciones, por encima y por debajo del valor que se supone debe ser el verdadero, se compensen.

El factor humano

El "medidor" puede originar errores sistemáticos por una forma inadecuada de medir, introduciendo así un error siempre en el mismo sentido. No suele ser consciente de cómo introduce su error. Sólo se elimina cambiando de observador. El observador puede introducir también errores accidentales por una imperfección de sus sentidos. Estos errores van unas veces en un sentido y otros en otro y se pueden compensar haciendo varias medidas y promediándolas.

Factores ambientales

La temperatura, la presión o la humedad entre otras pueden alterar el proceso de medida si varían de unas medidas a otras. Es necesario fijar las condiciones externas e indicar, en medidas precisas, cuales fueron éstas. Si las condiciones externas varían aleatoriamente durante la medida, unos datos pueden compensar a los otros y el error accidental que introducen puede ser eliminado hallando la media de todos ellos.

Los instrumentos de medida

Los instrumentos de medida pueden introducir un error sistemático en el proceso de medida por un defecto de construcción o de calibración. Sólo se elimina el error cambiando de aparato o calibrándolo bien. Debemos conocer el rango de medida del aparato, es decir, entre que valores, máximo y mínimo, puede medir. Uno es la cota máxima y otro la cota mínima. Algunas de las cualidades que deben poseer los instrumentos de medida para que proporcionen resultados aceptables son:

Rapidez

Es rápido si necesita poco tiempo para su calibración antes de empezar a medir y si la aguja o cursor alcanza pronto el reposo frente a un valor de la escala cuando lanzamos la medida. La aguja no oscila mucho tiempo.

Sensibilidad

Es tanto más sensible cuanto más pequeña sea la cantidad que puede medir. Una balanza que aprecia mg es más sensible que otra que aprecia gramos. Umbral de sensibilidad es la menor división de la escala del aparato de medida. La sensibilidad con que se fabrican los aparatos de medida depende de los fines a los que se destina. No tendría sentido fabricar una balanza que aprecie mg para usarla como balanza de un panadero.

Fidelidad

Un aparato es fiel si reproduce siempre el mismo valor, o valores muy próximos, cuando medimos la misma cantidad de una magnitud en las mismas condiciones. Es fiel si la aguja de un reloj comparador, por ejemplo, se coloca en el mismo punto de la escala, o muy próximo, cuando repetimos la medida con la misma cantidad de magnitud. Es fiel si dispersa poco las medidas.

Precisión

Un aparato es preciso si los errores absolutos (desviación de lo que mide del "valor verdadero") que se producen al usarlo son mínimos. El valor que da en cada medida se desvía poco del "valor verdadero". Un aparato es preciso si es muy sensible y además es fiel (produce poca dispersión de las medidas). Naturalmente debe estar previamente bien calibrado. La precisión define la "clase del instrumento" y está indicada en error relativo absoluto (porcentual absoluto) referido al valor máximo de la escala y especificado para cada rango o escala. El error absoluto máximo de una medida en esa escala se halla aplicando el error relativo al valor del fondo de escala. Supongamos que p^* es una aproximación al valor de una magnitud medida p. Se define el error absoluto como | p-p1 | y el error relativo es | p-p* |/| p | si p^0. Como una medida de exactitud, el error absoluto puede ser engañoso y el error relativo más significativo.

Medición de una serie de muestras

La homologación de una pieza es un requisito necesario para garantizar su validez dentro de su clase. Es en esta fase cuando se requiere un informe dimensional con relación a las especificaciones de su diseño, que se pueden clasificar en tres grupos de importancia: en el primero se incluyen las que tienen una importancia funcional; en el segundo las que son más susceptibles a cambios en el proceso de fabricación; y en el tercero las que no tienen importancia funcional y solo sirven para la definición geométrica. En el proceso de fabricación de una pieza existen factores que afectan directamente en la estabilidad de sus dimensiones tales como los comentados: el clima, el material, la máquina, el operario y el desgaste de herramienta. La suma de esta variabilidad y la que genera el propio sistema de medición crea una gran incertidumbre cuando se mide una sola muestra, puesto que puede haber cotas dentro del campo de tolerancia que en otras muestras podrían estar fuera de éste, o viceversa. Para hacer frente a esta problemática se plantea la necesidad de medir varias muestras. Cuanto mayor sea el número de muestras a medir, menor será la incertidumbre sobre la capacidad del proceso. Pero lo correcto es encontrar un equilibrio entre la criticidad de las especificaciones y el número de muestras a medir, para no encarecer el proceso de medición. En este proceso de medición se debe intentar controlar al máximo los factores que pueden aumentar la incertidumbre de la medida. Para ello las medidas se realizarán en un local acondicionado a temperatura y humedad constante, se automatizarán las mediciones con medios de control CNC siempre que sea posible, se emplearán instrumentos de medida calibrados y trazables con una incertidumbre como mínimo seis veces inferior al campo de tolerancia, y se dedicarán esfuerzos en materia de la sujeción de la pieza para proceder a medirla, especialmente si se trata de una pieza de plástico. Una comprobación recomendable, antes de iniciar las mediciones de las distintas muestras, es la de medir una sola muestra repetidas veces, poniéndola y quitándola cada vez en el sistema de fijación, con ello comprobaremos cual es el "ruido" de medida de nuestro sistema de fijación, que en cualquier caso deberá ser inferior a la incertidumbre del instrumento de medida.

Tolerancias

Podemos encontrar dos tipos de tolerancias, las tolerancias dimensionales y geométricas, que a continuación comentamos.

Tolerancias dimensionales

Para poder clasificar y valorar la calidad de las piezas reales se han introducido las tolerancias dimensionales. Mediante estas se establece un límite superior y otro inferior, dentro de los cuales tienen que estar las piezas buenas. Según este criterio, todas las dimensiones deseadas, llamadas también dimensiones nominales, tienen que ir acompañadas de unos límites, que les definen un campo de tolerancia. Muchas cotas de los planos, llevan estos límites explícitos, a continuación del valor nominal.

Tolerancias geométricas

Las tolerancias geométricas se especifican para aquellas piezas que han de cumplir funciones importantes en un conjunto, de las que depende la fiabilidad del producto. Estas tolerancias pueden controlar formas individuales o definir relaciones entre distintas formas. Es usual la siguiente clasificación de estas tolerancias:

-Formas primitivas: Rectitud, planicidad, redondez, cilindricidad

-Formas complejas: Perfil, superficie

-Orientación: Paralelismo, perpendicularidad, inclinación

-Ubicación: Concentricidad, posición

-Oscilación: Circular radial, axial o total

Las Mediciones

Mediciones

Las mediciones se pueden clasificar en forma general de acuerdo a los grandes campos de su aplicación, como sigue en las siguientes definiciones que se suministran.

Mediciones técnicas

Esta clase incluye las mediciones realizadas para asegurar la compatibilidad dimensional, la conformidad con especificaciones de diseño necesarias para el funcionamiento correcto, o en general, todas las mediciones que se realizan para asegurar la adecuación de algún objeto con respecto al uso previo.

Mediciones legales

Aquí se incluyen las mediciones hechas para asegurar el cumplimiento de una ley o reglamentación. Esta clase cae en la esfera de acción de las organizaciones de Pesas y Medidas.

Estas organizaciones se manifiestan en forma de entidades estatales, gubernamentales o municipales, que reglamentan las actividades comerciales en el campo metrológico. Ej.: sanciones por adulteración de balanzas, metros etc.

Mediciones Científicas

Son aquellas realizadas para convalidar teorías sobre la naturaleza del universo, o para sugerir nuevas teorías. Estas mediciones, que pueden constituir lo que se podría llamar Metrología Científica, es propiamente el dominio de la Física experimental y tal vez sea la metrología más complicada y que presenta un estado altamente evolucionado si se tienen en cuenta revolucionarios aparatos de medición y sistemas sofisticados y por computador para el tratamiento de datos. Muchos de los aparatos de medición que nacen de la física experimental, se convierten a la postre en elementos de uso rutinario dentro de la metrología técnica.

Definiciones básicas de metrología

-Magnitud mensurable. Atributo de un fenómeno, cuerpo o sustancia que se puede distinguir en forma cualitativa y determinar en forma cuantitativa.

Existen Magnitudes en sentido general y Magnitudes en sentido particular.

-Magnitud (medible). Atributo de un fenómeno, de un cuerpo o de una substancia, que es susceptible de distinguirse cualitativamente y de determinarse cuantitativamente.

-Magnitud de base. Una de las magnitudes que, en un sistema de magnitudes, se admiten por convención como funcionalmente independientes unas de otras.

-Magnitud derivada. Una magnitud definida, dentro de un sistema de magnitudes, en función de las magnitudes de base de dicho sistema.

-Dimensión de una magnitud. Expresión que representa una magnitud de un sistema de magnitudes como el producto de potencias de factores que representan las magnitudes de base de dicho sistema.

-Magnitud de dimensión uno (adimensional). Magnitud cuya expresión dimensional, en función de las dimensiones de las magnitudes de base, presenta exponentes que se reducen todos a cero.

-Unidad (de medida). Una magnitud particular, definida y adoptada por convención, con la cual se comparan las otras magnitudes de igual naturaleza para expresarlas cuantitativamente en relación a dicha magnitud.

-Unidad (de medida) de base. Unidad de medida de una magnitud de base en un sistema dado de magnitudes.

-Valor (de una magnitud). Expresión cuantitativa de una magnitud en particular, generalmente bajo la forma de una unidad de medida multiplicada por un número.

-Medición. Conjunto de operaciones que tienen por finalidad determinar el valor de una magnitud.

-Mensurando. Magnitud dada, sometida a medición.

-Exactitud de medición. Grado de concordancia entre el resultado de una medición y el valor verdadero (o real) de lo medido (el mensurando).

-Repetibilidad (de los resultados de mediciones). Grado de concordancia entre los resultados de mediciones sucesivas de un mismo mensurando, llevadas a cabo totalmente bajo las mismas condiciones de medición.

-Reproducibilidad. Grado de concordancia entre los resultados de las mediciones de un mismo mensurando, llevadas a cabo haciendo variar las condiciones de medición.

-Incertidumbre. Parámetro, asociado al resultado de una medición, que caracteriza la dispersión de los valores que, con fundamento, pueden ser atribuidos al mensurando.

-Medida materializada. Dispositivo destinado a reproducir o a proveer de forma permanente durante su empleo, uno o varios valores conocidos de una magnitud dada.

-Patrón. Medida materializada, aparato de medición, material de referencia o sistema de medición, destinado a definir, realizar, conservar o reproducir una unidad o uno o varios valores de una magnitud para servir de referencia. Los patrones pueden ser internacionales (reconocidos por acuerdo internacional) y nacionales (reconocidos por acuerdo nacional).

-Patrón primario. Patrón que se designa o se recomienda por presentar las más altas calidades metrológicas y cuyo valor se establece sin referirse a otros patrones de la misma magnitud.

-Patrón secundario. Patrón cuyo valor se establece por comparación con un patrón primario de la misma magnitud.

-Patrón de referencia. Patrón, generalmente de la más alta calidad metrológica disponible en un lugar u organización dados, del cual se derivan las mediciones que se hacen en dicho lugar u organización.

-Patrón de trabajo Patrón utilizado corrientemente para controlar medidas materializadas, aparatos de medición o materiales de referencia.

-Patrón de transferencia. Patrón empleado como intermediario para comparar patrones entre sí.

-Trazabilidad. Propiedad del resultado de una medición o del valor de un patrón de estar relacionado a referencias establecidas, generalmente patrones nacionales o internacionales, por medio de una cadena continua de comparaciones, todas ellas con incertidumbres establecidas.

-Material de referencia (MR). Material o substancia que tiene uno (o varios) valor(es) de su(s) propiedad(es) suficientemente homogéneo(s) y bien definido(s) para permitir su utilización como patrón en la calibración de un aparato, la evaluación de un método de medición o la atribución de valores a los materiales.

-Material de referencia certificado (MRC). Material de referencia provisto de un certificado, para el cual uno o más valores de sus propiedades está certificado por un procedimiento que establece su enlace con una realización exacta de la unidad bajo la cual se expresan los valores de la propiedad y para el cual cada valor certificado cuenta con una incertidumbre a un nivel de confiabilidad señalado. Dado que no en todos los países se emplea la misma forma de escribir los números, vale aclarar que en este documento se utiliza la coma para indicar decimales y una "x" para el signo de multiplicación. Así, por ejemplo, escribiremos 6,023 x 1023 y no 6.023 x 1023.

-Magnitud básica. Cada una de las magnitudes que en un sistema de magnitudes se acepta por convención como funcionalmente independiente respecto a otras. Ejemplo: El sistema S.I.

-Magnitud derivada. En cada una de las magnitudes que, correspondiendo a un sistema de magnitudes, se puede definir en función de magnitudes básicas de ese sistema. Ejemplo: la velocidad de un móvil cuya unidad es: m/s, es decir, compuesta por dos magnitudes básicas como son el metro (m) y el segundo (s).

-Magnitud de Influencia. Magnitud que no es la que se debe medir, pero que incide en el resultado de la medición. Ejemplo: La humedad relativa de una sala de metrología o la temperatura de la misma.

-Valor verdadero convencional (de una magnitud). Valor atribuido a determinada magnitud y aceptado, a veces por convención, como poseedor de una incertidumbre adecuada para un propósito dado. Ejemplo: Cuando un medidor de velocidad angular cuyos márgenes de error son tolerados dentro del intervalo + o - del 5%, es verificado con ayuda de un medidor de velocidad angular patrón cuyo error de indicación es del 1,5% + o -, las lecturas del medidor patrón se tomarán como los valores verdaderos convencionales para los fines propuestos.

-Dimensión de una magnitud. Expresión que representa una magnitud de un sistema de magnitudes como el producto de potencias de los factores que representan las magnitudes básicas del sistema. Ejemplo: En un sistema que tenga las magnitudes básicas de longitud y tiempo, cuyas dimensiones se indiquen mediante L y T respectivamente, LT-2 es la dimensión de aceleración.

-Símbolo de una unidad de medida. Signo convencional que representa una unidad de medida. Ejemplo: s: es el símbolo para el segundo. K: es el símbolo para la temperatura termodinámica Kelvin.

-Sistema de Unidades (De medida). Conjunto de unidades básicas, junto con las unidades derivadas, definidas de acuerdo con reglas dadas, para un sistema de magnitudes dado. Ejemplo: Sistema Inglés de Unidades. Sistema Métrico Gravitacional de unidades. Sistema M.K.S. Sistema c.g.s.

-Unidad de medida coherente. Unidad de medida derivada que se puede expresar como un producto de potencias de unidades básicas con un factor de proporcionalidad igual a uno. Es de notar que una unidad puede ser coherente respecto de un sistema de unidades, pero no respecto a otro.

-Sistema Coherente de Unidades de Medida. Sistema de unidades de medida en el cual todas las unidades derivadas son coherentes. Ejemplo: Las unidades que a continuación se presentan (expresadas mediante sus símbolos) forman parte del sistema coherente de unidades en mecánica dentro del Sistema internacional de Unidades, SI.

$$\text{Rad.s}^{-2} \text{ (aceleración angular)}: \qquad N = \frac{Kg\, m}{s^2} \quad \text{(fuerza)}.$$

-Unidad de medida básica. Unidad de medida de una magnitud básica en un sistema dado de unidades

-Unidad de medida derivada. Unidad de medida de una magnitud derivada de un sistema de unidades dado. Ejemplo: La magnitud - presión - posee el nombre de Pascal en unidad SI derivada y equivale a N/m^2 (Newton sobre metro cuadrado).

-Unidad de medida fuera del sistema. Unidad de medida que no pertenece a un sistema de unidades dado. Ejemplo: Grado Celsius (°C), tonelada (t), grado (º), minuto (´), segundo (").

-Valor de una magnitud. Cantidad de una magnitud en particular que generalmente se expresa como una unidad de medida multiplicada por un número. Ejemplo: Temperatura de un cuerpo (575° K), intensidad de corriente a través de un conductor (35 A).

-Medición. Conjunto de operaciones cuyo objeto es determinar un valor de una magnitud.

-Principio de medición. Base científica de una medición o fenómeno físico en que se basa una medición.

-Método de medición. Secuencia de operaciones, descritas en forma genérica que se utilizan al efectuar mediciones.

A continuación, se presenta una explicación detallada de los anteriores métodos de medición Método de medición directa. Es el método más utilizado en la técnica y permite obtener directamente el valor de la medida, tal como la presión por medio de un manómetro o la intensidad de corriente eléctrica con un amperímetro.

-Método de medición diferencial. Consiste en determinar la diferencia entre la magnitud buscada y una conocida, propia para medidas con error muy pequeño, como el de la comprobación de un metro patrón con otro de categoría más alta.

-Método de medición por cero. Consiste en buscar el equilibrio entre la cantidad de magnitud desconocida y otra conocida, de tal forma que su acción respecto de algún fenómeno se reduce a cero, como es la determinación de la masa mediante una balanza de brazos iguales. Cuando el equilibrio no puede realizarse perfectamente, este método se transforma en el método diferencial antes indicado.

-Método de medición por sustitución. Consiste en reemplazar la cantidad de magnitud que se va a medir en un instrumento de medición por otra medida conocida, de forma tal que no se produzca modificación alguna en la indicación del instrumento, como es la medición de una resistencia eléctrica en un puente, en el cual una vez establecido el equilibrio se sustituye la resistencia que se mide por una resistencia conocida, manteniendo la misma desviación en el instrumento indicador, que es un galvanómetro.

-Método de medición por comparación. Consiste en sustituir en el instrumento de medición una magnitud conocida por la cantidad que se ha de medir, comparando ambas indicaciones. Este método se aplica en la medición de longitudes o también en la medición de la resistencia eléctrica con el potenciómetro, el galvanómetro o el voltímetro y consiste en hacer pasar la misma corriente a través de la resistencia desconocida y la resistencia conocida, midiendo la caída de potencial eléctrico en ambas resistencias se calcula la medida desconocida.

-Método de medición indirecto. Es aquel en que la magnitud se obtiene mediante la medición de otras cantidades relacionadas matemáticamente, por ejemplo, para medir el área de un círculo se mide el diámetro y por cálculo, se determina el área.

-Medición de medición por coincidencia. Consiste en comparar una serie de graduaciones o señales uniformes con otra serie de graduaciones o señales uniformes cuya coincidencia determina la medida. Por ejemplo, la medición de una longitud por medio de un calibrador pie de rey o con un micrómetro con vernier.

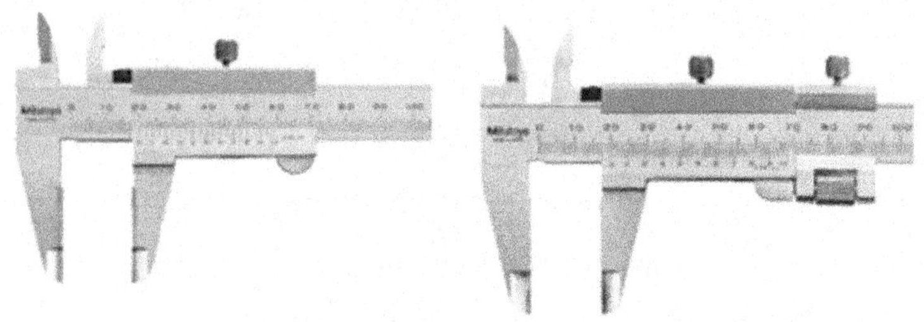

Medición directa

-Procedimiento de medición. Conjunto de operaciones, descritas en forma específica que se utilizan al efectuar mediciones particulares según un método dado. Generalmente un procedimiento de medición se registra en un documento que a veces se llama "procedimiento de medición" (o método de medición), y cuyo grado de detalle suele ser suficiente para que un operador pueda efectuar una medición sin información adicional.

-Resultado de una medición. Valor atribuido a una magnitud por medir, obtenido mediante un método de medición. Cuando se da un resultado de una medición, se debe aclarar si se refiere a:

- La indicación del aparato de medida.
- El resultado no corregido, es decir, el resultado de una medición antes de la corrección del error sistemático.
- El resultado corregido.

- El promedio de un cierto número de valores leídos.

De otra parte, un informe completo del resultado de una medición incluye información acerca de la incertidumbre de la medición.

-Patrón. Muestra de magnitud de una característica en relación certificada con el patrón internacional, acreditada para calibrar MIC, según las competencias de la clase de precisión a la cual pertenece.

-Trazabilidad. Cadena ininterrumpida de calibraciones registradas, que aseguran la conexión entre un MIC y el patrón de la unidad de reconocimiento internacional para la característica a medir.

-Calibrar. Registrar y procesar y contrastar la información de salida de un medio que

informa de la calidad (MIC), en varios puntos a lo largo de su escala, con el

valor de confianza de un patrón (o combinaciones de patrones) que tiene

la trazabilidad certificada, con el fin de evaluar su incertidumbre.

-Resultado de la calibración. Representación gráfica de la relación matemática existente entre los valores indicados por el instrumento o el sistema sometido a la calibración y el valor certificado del patrón de referencia, implicado como mesurando.

-Ajuste de un instrumento. Acción de mejora que consiste en modificar mediante componentes físicos o mediante programas el resultado de salida de un instrumento, con el fin de compensar la curva de calibración. Así se eliminan los errores sistemáticos.

-El simbolismo metrológico. Un símbolo es la representación de un estado mental, ya sea puramente conceptual o emocional. Es difícil imaginar la compleja que sería la vida sin el uso de símbolos. La mera existencia de las palabras que ahora leemos es un ejemplo de uno de los simbolismos más significantes.

La metrología es la descripción de una parte de la experiencia humana por medio del lenguaje y la escritura. Aparte de la gran cantidad de escritura que se requeriría para exponer el resultado de los experimentos parecería innecesaria y difícil la descripción de la medición la cual como se ha visto, es el tipo más importante de experimento metrológico. Ante tal situación, los experimentos metrológicos simplemente son descritos en términos de números, los cuales también son representados por símbolos cuya manipulación han simplificado los matemáticos. Pero el simbolismo metrológico rebasa el uso de números de aritmética. Esto puede probarse con una simple medición física, tal como el estiramiento de un alambre del cual colgamos un peso. La medición de la longitud del alambre por medio de un metro u otra escala, antes y después de que una particular carga haya sido colocada, se denomina la evaluación del cambio de medición o el alargamiento o elongación del alambre.

Este hecho también puede denominarse la asignación de un número al símbolo por el cual se representa el alargamiento. Asimismo, en la operación de medición del peso colocado en un extremo del alambre se le asigna un número al símbolo p, el cual designa el peso. Entonces cualquier relación encontrada entre la lista de ambos números relacionados por una constante queda simbolizada por una expresión algebraica. En metrología o en física no debe confundirse el uso de la palabra ley con su significado en la conversación diaria. Nosotros hablamos de toda clase de leyes, desde leyes divinas hasta normas legislativas. Es esencial notar que una ley física o metrológica solo es la descripción fundamental preferiblemente en forma simbólica algebraica, de una rutina o de experiencia física. En particular debemos tener cuidado de no asociarla con la idea filosófica de necesidad, esto es, la noción de que la ley física representa solamente eso, porque la naturaleza está hecha en esa forma. Por lo tanto, una ley física describe, desde la mejor percepción, como la naturaleza parece ser. Las leyes físicas las elaboran los seres humanos, por lo que esta es una construcción humana y con frecuencia presentan errores.

Reglas para efectuar mediciones

Cada vez que haga una medición, es importante tener en cuenta las siguientes reglas para obtener resultados óptimos:

-Al hacer mediciones, se debe emplear el instrumento que corresponde a la precisión exigida.

-Mirar siempre verticalmente sobre el lugar de lectura (error de paralaje).

-Limpiar las superficies del material y el instrumento de medición antes de las mediciones.

-Desbarbar la pieza de trabajo antes de la medición.

-En mediciones de precisión, prestar atención a la temperatura de referencia tanto en el objeto como en el aparato de medición.

-En algunos instrumentos de medición, prestar atención para que la presión de medición sea exacta. No se debe emplear jamás la fuerza.

-No hacer mediciones en piezas de trabajo en movimiento o en máquinas en marcha.

-Verificar instrumentos de medición regulables repetidas veces respecto a su posición a cero.

-Verificar en intervalos periódicos los instrumentos de medición en cuanto a su precisión de medición.

Error en las mediciones

Los errores son pequeñas variaciones de lectura debido a imperfecciones o variaciones de:

-Los sentidos del operador (tacto, vista, oído, gusto, olfato).

-Los instrumentos de medición.

-Los métodos de medición.

-Las condiciones ambientales.

Cualquier otra causa que afecte la medición (concentración, entrenamiento).

Desde el punto de vista de la magnitud de la variable medida, también se puede definir como el resultado de una medición menos el valor verdadero de la magnitud medida.

Tipo de errores

Todo procedimiento de medición puede tener dos tipos de errores: error sistemático o error aleatorio.

Errores sistemáticos

Generalmente se presentan en forma regular y tienen un valor constante. Son aquellos que obedecen a la presencia de una causa permanente y adquieren siempre igual valor cuando se opera en igualdad de circunstancias, pueden atenuarse o eliminarse. Se debe al manejo inadecuado o descalibración del instrumento, pureza inadecuada de reactivos o métodos de medición incorrectos. Este tipo de error no puede reducirse por técnicas estadísticas, pero el error sistemático puede identificarse y minimizarse modificando el procedimiento de medición.

Errores aleatorios

También llamados accidentales o fortuitos. Son aquellos que se originan por causas accidentales y se presentan indistintamente con diversas magnitudes y sentidos. Se debe a la naturaleza misma de las mediciones de variables continuas y a la naturaleza del instrumento (ruido térmico, golpeteo y/o fluctuaciones). El error aleatorio es un error indeterminado y puede minimizarse con técnicas estadísticas.

Clasificación de errores en cuanto a su origen

Los errores en cuanto a su origen se clasifican en: errores por instrumento o equipo de medición o errores del operador (esto es, método de medición).

Errores por instrumento o equipo de medición

Las causas de errores atribuibles al instrumento, pueden deberse a defectos de fabricación. Éstos pueden ser deformaciones, falta de linealidad, imperfecciones mecánicas, falta de paralelismo, etc. El error instrumental tiene valores máximos permisibles, establecidos en normas o información técnica de fabricantes de instrumentos, y pueden determinarse mediante calibración.

Errores del operador o método de medición

Muchas de las causas del error aleatorio se deben al operador, por ejemplo: falta de agudeza visual, descuido, cansancio, alteraciones emocionales, etc. Para reducir este tipo de errores es necesario adiestrar al operador. Otro tipo de errores son debidos al método o procedimiento con que se efectúa la medición, el principal es la falta de un método definido y documentado.

Tolerancias y mediciones

Todas las piezas de un tamaño uniforme y resultante de un mismo procedimiento de fabricación, deberían ser exactamente iguales en sus dimensiones, pero por las variaciones normales de los procesos de manufactura se permiten pequeñas variaciones que no impidan el desempeño de la pieza en el sistema del cual son una parte.

Tolerancias

Es la cantidad total que le es permitido variar a una dimensión determinada y es la diferencia entre los límites superior e inferior especificados. Es la máxima diferencia que se admite entre el valor nominal y el valor real, o efectivo entre las características físicas o químicas de un material, pieza o producto.

Tolerancia geométrica

Se especifican para aquellas piezas que han de cumplir funciones de gran importancia con otros elementos. Las tolerancias geométricas pueden controlar formas individuales o definir relaciones entre distintas formas. Se pueden clasificar en:

-Tamaños: dimensiones específicas.

-Formas primitivas: rectitud, redondez, cilindricidad.

-Formas complejas: perfil, superficie.

-Orientación: paralelismo, perpendicularidad, inclinación.

-Ubicación: concentricidad, posición.

-Oscilación: circular, radial, axial o total.

-Causas de las variaciones aleatorias

Las principales causas de las variaciones son:

-El calentamiento de las máquinas y/o piezas fabricadas.

-Desgaste de las herramientas.

-Vibraciones en la máquina herramienta.

-Falta de homogeneidad de la materia prima.

-Distorsiones de la pieza durante la fabricación.

Forma de expresar las tolerancias

Las tolerancias se clasifican en unilaterales y bilaterales. Son unilaterales las que permiten variaciones hacia valores más grandes o más pequeños, pero no ambos; son bilaterales las que permiten variaciones hacia ambos lados de la medida nominal.

Se pueden expresar de la siguiente forma:

Medida dimensional seguida de la variación unilateral o bilateral +0.110 permitida: 30 +0021 mm.

Medida dimensional del límite superior seguida del límite inferior: [30,11-30,131].

Notación ISO: 30C7.

Tipos de instrumentos de medición

Existe una amplia gama de instrumentos de medición y de acuerdo con su principio de trabajo pueden ser clasificados en:

- Calibradores Vernier.
- Medidores de Altura.
- Micrómetros.
- Relojes comparadores.
- Relojes comparadores tipo Palanca.
- Medidores de Diámetros Internos con Indicador de Carátula.
- Escuadras de Combinación.

Una característica importante de los instrumentos de medición es su manera de presentar el resultado numérico de una medición, en la forma de una resolución o lectura. Esta resolución es la resultante de un proceso de amplificación de la mínima variación presentada, pues el ser humano no consigue visualizarla sin ayuda.

El calibrador vernier y el medidor de alturas utilizan el vernier para ampliar la lectura, el micrómetro utiliza el paso de una rosca y un tambor graduado, los relojes comparadores utilizan un mecanismo de cremalleras, engranajes y palancas.

A continuación, se hará una descripción de cada tipo, sus características, aplicaciones y cuidados necesarios tanto para efectuar la medición como para conservarlos en buenas condiciones de uso.

Instrumento de medición

Medios técnicos con los cuales se efectúan las mediciones, y que comprenden: Las medidas materializadas y los aparatos medidores.

Los instrumentos y en particular los instrumentos científicos son los dispositivos para la observación y medida del universo físico. Estos son extensiones de la percepción y sensibilidad humana sin los cuales sería imposible la exploración científica de la naturaleza, siendo estos entonces de importancia fundamental en todos los ramos de la ciencia. Los instrumentos cada día están siendo objeto de extraordinarios avances y la tecnología para su construcción busca dotarlos de altas cualidades metrológicas tales como la exactitud, repetibilidad, sensibilidad y óptimos intervalos de incertidumbre. De otra parte y con el advenimiento de la automatización y robotización de procesos industriales, a los aparatos de medición se les ha colocado en una posición de alta "responsabilidad" pues de los datos que ellos suministran dependen complejos procesos de control, orientación, desarrollo de movimientos específicos en trayectorias específicas, toma de decisiones, etc. Ahora bien, cuando los instrumentos de medida se aplican a complejos sistemas sus datos son de extremada importancia para efectuar intervenciones en sistemas de control con el objeto de establecer deseables parámetros de funcionamiento sin la intervención humana. De ahí que sean necesarios en todo proceso de alta productividad y alta calidad. La función de un instrumento es recuperar información sobre el mundo físico para ser presentada a un observador humano o ser procesada posteriormente.

Teniéndose en cuenta el campo tan amplio de aplicación es necesario organizar la información de un modo lógico y unificar los conceptos, función ésta de la emergente ciencia de la instrumentación. Esta ciencia actualmente en formación, encuadra a los instrumentos como sistemas (máquinas de medida, computación y control).

Regla milimétrica

Son barras de acero de sección rectangular, por lo general chaflanadas en una de sus caras sobre la cual se han grabado las divisiones en milímetros y en 0,5 milímetros o también en pulgadas subdivididas en 16, 32 o 64 partes. Son de longitud variable llegando en algunos casos hasta más de 1,5 m de longitud. Permite efectuar mediciones directas con grado de precisión del medio milímetro. También se utilizan para el trazado de rectas, en cuyo caso no están graduadas, o si lo están, ésta es de menor precisión, debiendo cumplir con la condición de ser perfectamente rectas. Se presentan también como metro articulado, cinta métrica y curvímetro.

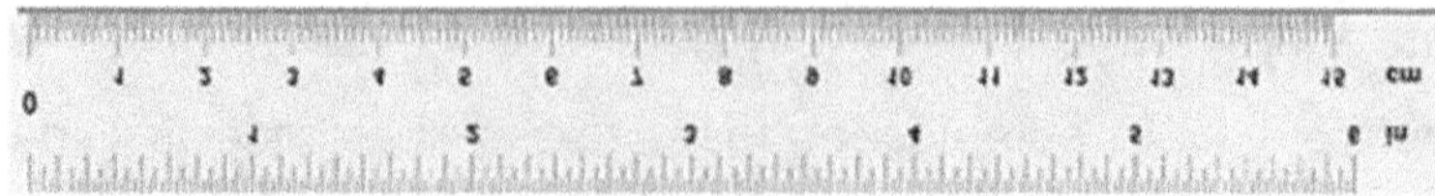

Regla milimétrica

Curvímetro

Calibre

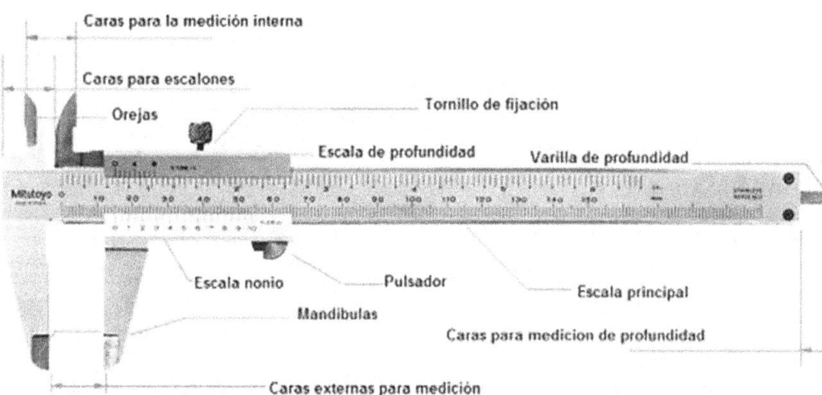

Este instrumento utiliza el método ideado por Vernier y Nonius, el cual consiste en utilizar una regla fija, graduada por ejemplo en centímetros y en milímetros, y una regla móvil que puede deslizarse sobre la fija y que está dividida en un número de divisiones, por ejemplo, diez, iguales, correspondiendo a estas 10 divisiones nueve divisiones de la fija; por lo tanto, la apreciación del instrumento estará dada por la diferencia entre la menor división de la regla fija y la menor división de la regla móvil.

Para obtener el orden de este grado de apreciación del instrumento se hacen las siguientes deducciones: si llamamos "n" al número de divisiones iguales en la regla fija y la móvil, "l" a la longitud de la menor división de la regla fija y " l " a la longitud de la menor división de la regla móvil, igualando longitudes de la regla fija y móvil, se tendrá:

Recursos de acceso al lugar de la medida
Cuatro recursos de acceso al lugar de la medida (cuatridimensional).

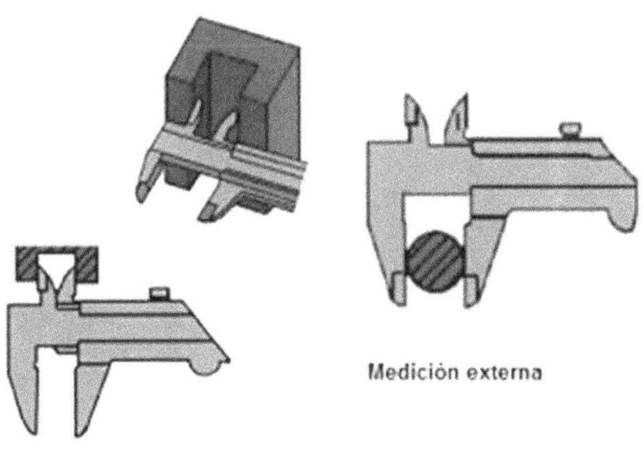

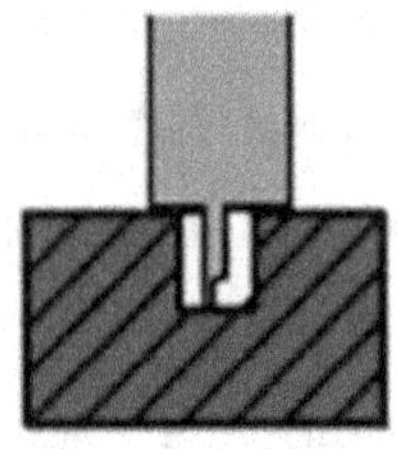

Medición de profundidad

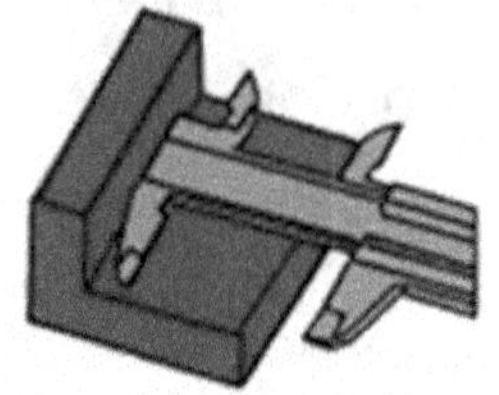

Medición de altura

Este sistema de medición es constituido básicamente de dos cuerpos móviles y permite generalmente cuatro maneras de acceso a la pieza para efectuar la medición y por ese motivo son conocidos con el nombre de cuatridimensionales.

Pueden ofrecer resultados de medición con resoluciones de: 0,1 mm - 0,05 mm - 0,02 mm en el sistema métrico y de .001" o 1/128" en el sistema inglés de pulgada.

Existen calibradores vernier especialmente proyectado para tornar posible el acceso a una grande variedad de situaciones especiales.

O sea que la apreciación de un instrumento que utiliza un "vernier" o "nonio" se obtiene dividiendo la menor división de la regla fija por el número de divisiones del vernier.

La lectura L resulta de sumar la lectura a que precede al cero del nonio sobre la regla fija, la lectura b, división del nonio que coincide con una cualquiera de las divisiones de la regla fija:

Escala Vernier

El cero sobre la escala del vernier está espaciado exactamente la distancia de una marca de la regla (en este caso un décimo de cm) del extremo izquierdo del vernier. Por tanto, el cero está en una posición entre las marcas de la regla que es comparable a la posición del extremo de la barra. En otras palabras, el cero en el vernier se halla casi a la mitad entre dos marcas adyacentes de la regla, en la misma forma que el extremo de la barra está casi a la mitad entre dos marcas adyacentes. El 1 sobre la escala del vernier se encuentra aún más cerca para alinearse con una marca adyacente de la regla; en efecto, está un centésimo de un centímetro más cercano que el cero. Esto se debe a que cada espacio del vernier es un centésimo de un centímetro más corto que cada espacio de la regla.

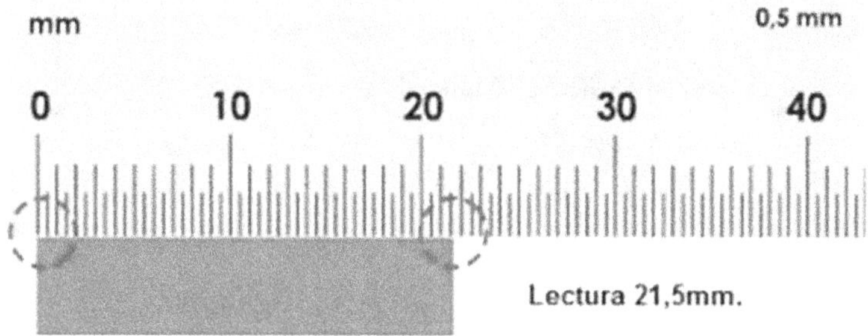

Por ejemplo, si la menor división de la regla fija es 1mm y el nonio o vernier está dividido en 20 divisiones, la apreciación será: 1mm/20 = 0,05 mm; si estuviera dividido en 25 divisiones ésta será: 1mm/25 = 0,04 mm; si fueran 50 divisiones: 1mm/50 = 0,02 mm.

Si las divisiones de la regla fija estuvieran en pulgadas siendo la menor 1/16" y el número de divisiones del vernier fuera 8, la apreciación será: (1/16") /8 = 1/128".

Si la pulgada es dividida en diez (10) partes y a su vez a cada una de las partes se la subdivide en 4, tendremos que la pulgada se ha dividido en cuarenta (40) divisiones, correspondiendo cada una a 1/40"= 0,025" (veinticinco milésimas de pulgada).

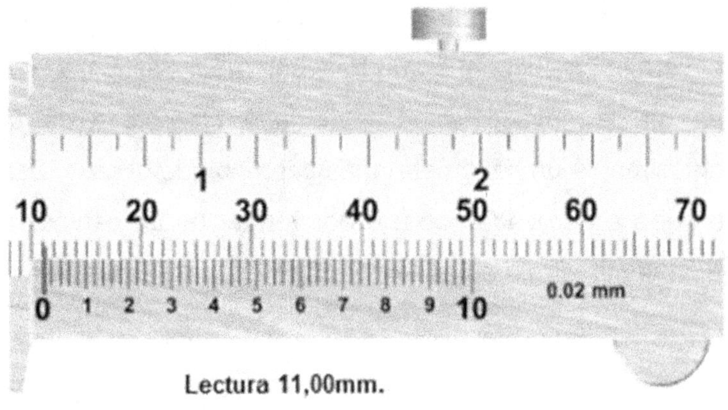

Lectura 11,00mm.

Ejemplo de medición con calibre: el instrumento consta de dos mandíbulas, una solidaria a la regla fija y la otra solidaria al vernier.

Se coloca el elemento a medir entre las mandíbulas (si fuera una medida exterior) presionando suavemente, y se procede a efectuar la lectura.

Sistemas de Graduación para Lectura

Los calibradores vernier son fabricados generalmente con dos sistemas de resolución: métrico y pulgada, pero algunos son fabricados en un sistema solamente.

La graduación que define el tipo de resolución es hecha en las dos partes móviles del instrumento y cada una tiene las particularidades que se indican a seguir:

Concepto de resolución o lectura

La resolución o lectura de un calibrador vernier está definida por el resultado obtenido al dividir el valor del menor trazo gravado en la escala principal por el número de trazos del vernier.

Resultado de una medida

Una vez que el calibrador está correctamente posicionado en la pieza a ser medida, se procede a tomar una parte de la lectura en la escala principal y su complemento en el vernier.

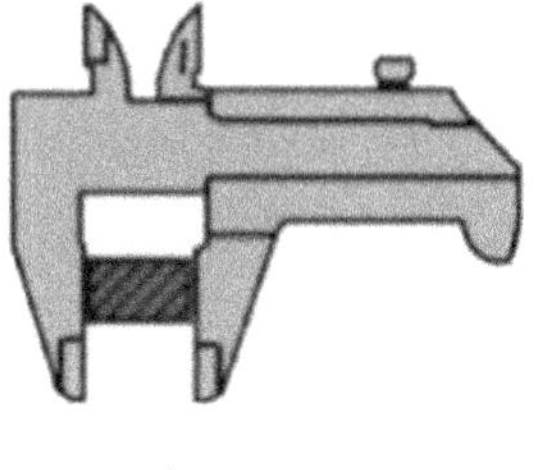

Correcto

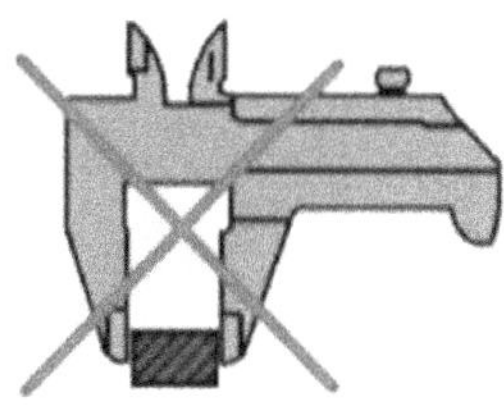

Incorrecto

Esta operación es muy simple y se realiza de la siguiente manera:

-Tomando como referencia el primer trazo del vernier (trazo "cero") cuente todos los trazos de la escala principal que quedan a la derecha.

-Verifique cuál de los trazos del vernier coincide con otro de la escala principal. Siempre existirá uno que está mejor alineado que los restantes.

-Sume los valores obtenidos en la escala principal y el vernier. Este es el resultado de la medida.

Ejemplo de medición

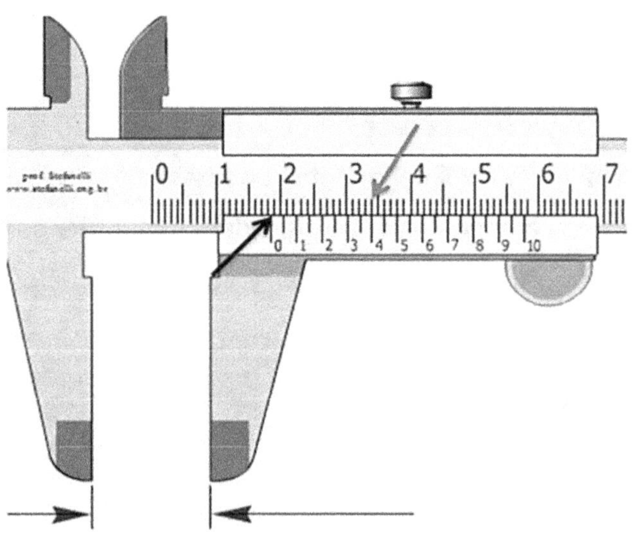

Sensibilidad Vernier: 0,05 mm

Lectura / Medición: **18,34 mm**

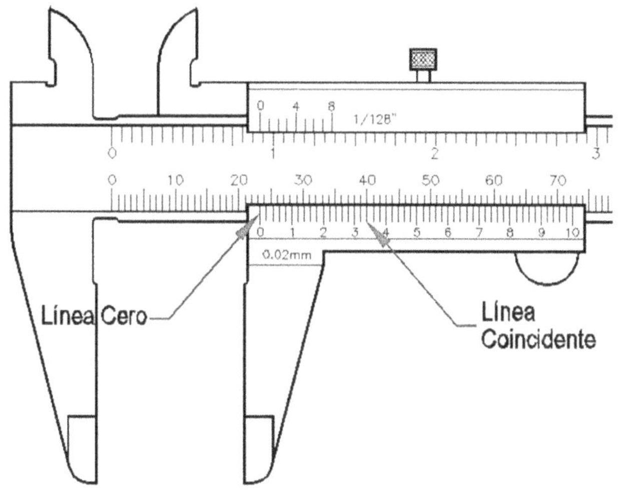

Sensibilidad Vernier: 0,02 mm

Lectura / Medición: **23,34 mm**

Recomendaciones especiales para uso del Calibrador Vernier

Verifique si el movimiento del cursor es suave y sin juego en toda la capacidad útil. Caso exista un juego anormal, proceda a su ajuste girando los tornillos hasta tocar en el fondo y a seguir, retorne 1 /8 de vuelta aproximadamente (45°) y verifique nuevamente que el movimiento del cursor sea suave, pero sin juego.

Posicione correctamente las puntas principales en la medición externa aproximando el máximo posible la pieza de la escala graduada. Eso evitará errores por juego del cursor y el desgaste prematuro de las puntas donde el área de contacto es menor. Verifique también el perfecto apoyo de las caras de medición como muestra la parte inferior de la figura siguiente. Posicione correctamente las superficies de medición de interiores. Procure introducir el máximo posible estas superficies en el agujero o ranura, manteniendo el calibrador siempre paralelo a la pieza que está siendo medida.

Verifique que las superficies de medición coincidan con la línea de centro del agujero:

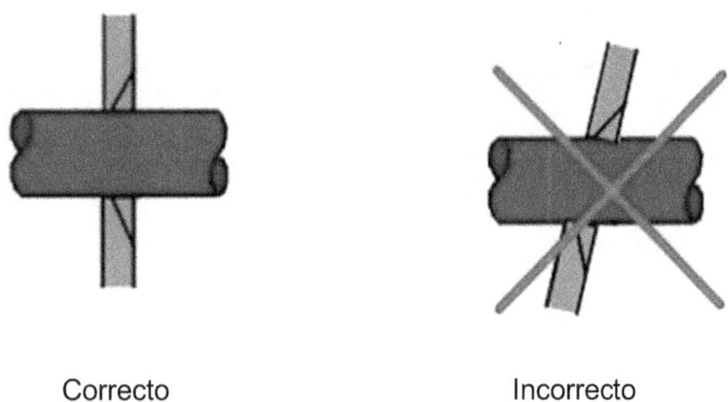

Correcto   Incorrecto

Al medir un diámetro, tome la máxima lectura:

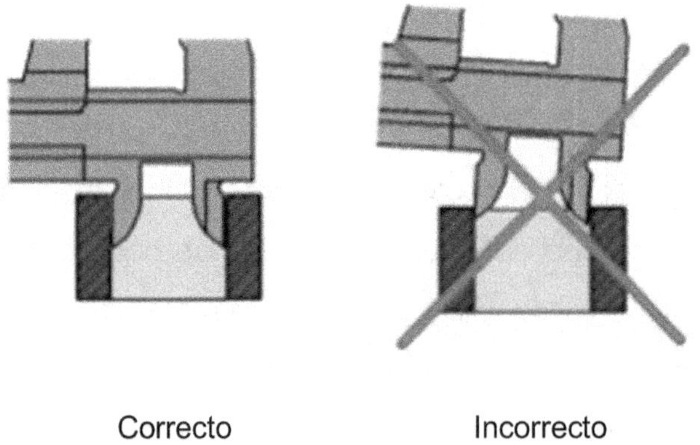

Correcto   Incorrecto

Al medir ranuras tome la mínima lectura:

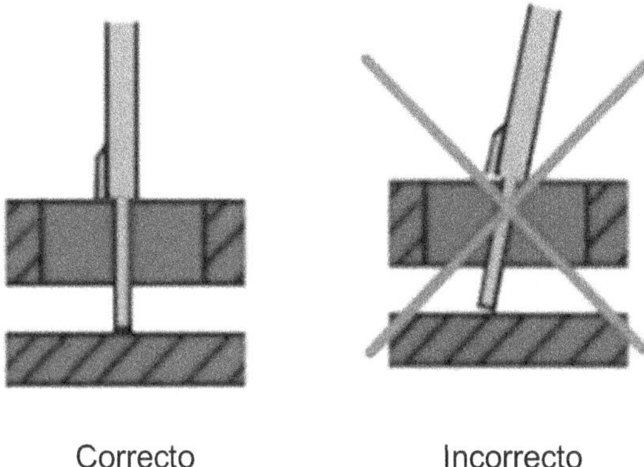

Correcto   Incorrecto

Posicione correctamente la varilla de profundidad. Antes de tomar la lectura verifique que el calibrador esté apoyando perpendicularmente al agujero en todo sentido.

Posicione correctamente las caras para medición de escalones. Apoye primero la cara de la escala principal y después apoye suavemente la cara del cursor. Tome la lectura "sintiendo" el contacto de las caras de medición. Siempre que sea posible utilice este recurso en vez de la varilla de profundidad.

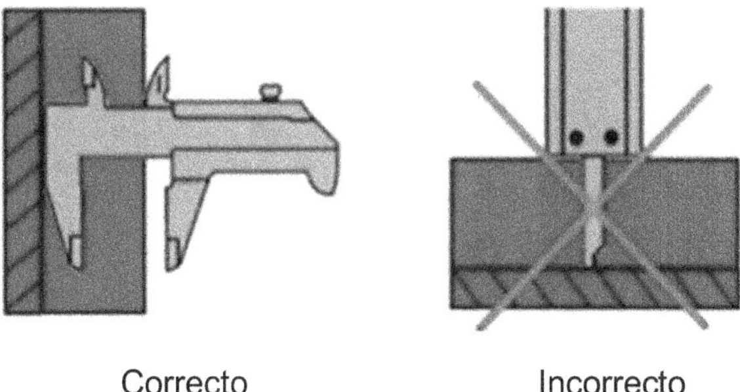

Correcto   Incorrecto

Evite el error de paralaje al tomar la lectura. Posicione su vista en dirección perpendicular a la escala y al vernier, eso evitará errores que podrán ser considerables.

Tome cuidados al medir agujeros pequeños con las superficies de medición de interiores. Debido a la construcción del calibrador, cuando son hechas mediciones en agujeros pequeños (menores que 0 10 mm) el valor de la lectura es siempre menor que lo real. Eso es debido a la separación existente entre las puntas y las caras planas de medición.

Cuidados especiales con el calibrador vernier

Evite aplicar el calibrador en esfuerzos excesivos. Tome cuidados para que el instrumento no sufra caídas o sea usado en lugar.

Proteja el calibrador al guardarlo por mucho tiempo. Usando un paño suave untado con aceite fino antióxido, aplique suavemente en todas las caras del instrumento una película bien fina y uniforme.

Evite daños en las puntas de medición. Procure que las puntas de medición de interiores nunca sean utilizadas como compás de trazado. Ni las otras puntas.

Limpie cuidadosamente el instrumento después del uso. Utilice un paño seco para retirar partículas de polvo y suciedad, bien como las marcas de los dedos dejadas por el manejo.

Observe los siguientes aspectos al guardar el calibrador:

- No exponga el instrumento a la luz del sol.
- Guarde en ambiente de baja humedad, con buena ventilación y libre de polvo.
- Nunca deje el instrumento directamente en el suelo.
- Deje las caras de medición ligeramente separadas, de 0,2 a 2 mm.
- No deje el cursor trabado.
- Guarde siempre el instrumento en su estuche apropiado.

Error máximo admisible

Específicamente en el caso del calibrador, este error tiene su origen en la suma total o parcial de dos tipos de errores: los objetivos y los subjetivos.

Los errores objetivos son los inherentes al instrumento (planitud y paralelismo de las superficies de medición, división de la escala principal y del vernier y ajuste del cero).

Los errores subjetivos tienen relación con la utilización del instrumento (diferencia en la presión aplicada en la medición y lectura afectada por la capacidad visual y el error de paralaje).

La tabla a continuación presenta los valores tolerados de acuerdo a las normas NBR-06393 de la ABNT y B-7507/1993 de la JIS.

Capacidad (mm)	Norma ABNT NBR-06393 Norma JIS B-7507/1993		
	Resolución 0,05mm ±(|xm)	Resolución 0,05 ±(M.m)	Resolución 0,02mm ± (jim)
0 - 100	60	60	30
100 - 200	70	70	30
200 - 300	80	80	40
300 - 400	90	90	40
400 - 500	100	100	50
500 - 600	110	110	50
600 – 700	120	120	60
700 – 800	130	130	60
800 – 900	140	140	70
900 – T00	150	150	70

Calibración y Ajuste

La primera especifica valores para la segunda incluye también valores para instrumentos con resolución de 0,05 mm e instrumentos con resolución de 0,02 mm.

Para efectuar la calibración de este instrumento se utilizan bloques patrón de diferentes tamaños, de acuerdo con su capacidad o sistemas específicamente desarrollados para verificación periódica.

La corrección del elemento generador de error se restringe al ajuste del cursor y al posicionamiento del vernier (en los calibradores con vernier móvil).

Otros servicios deben ser realizados por personal calificado.

Micrómetro

El micrómetro, que también es denominado tornillo de Palmer, calibre Palmer o simplemente palmer, es un instrumento de medición cuyo nombre deriva etimológicamente de las palabras griegas μικρο (micros, pequeño) y μετρον (metron, medición); su funcionamiento se basa en un tornillo micrométrico que sirve para valorar el tamaño de un objeto con gran precisión, en un rango del orden de centésimas o de milésimas de milímetro, 0,01 mm o 0,001 mm (micra) respectivamente. Íntimamente asociado con el estudio de los decimales se encuentra un instrumento conocido como micrómetro. El micrómetro común es capaz de medir con exactitud hasta una centésima de milímetro. Diez centésimas de milímetro es aproximadamente el espesor de un cabello humano o de una hoja de papel muy fino. Las partes de un micrómetro se ilustran en la figura siguiente.

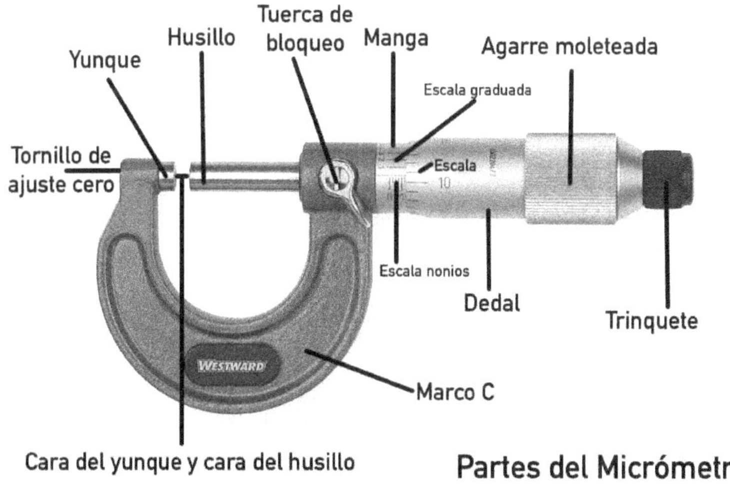

Partes del Micrómetro

-Marco C: Constituye el armazón del micrómetro suele tener unas plaquitas de aislante térmico para evitar la variación de medida por dilatación.

-Yunque: Determina el punto cero de la medida; suele ser de algún material duro como "metal duro" para evitar el desgaste, así como optimizar la medida.

-Husillo: Elemento móvil que determina la lectura del micrómetro; la punta suele también tener la superficie en metal duro para evitar desgaste.

-Tuerca de bloqueo: Que permite bloquear el desplazamiento de la espiga.

-Tambor fijo o Escala graduada: Tiene 10 marcas por centímetro. Así pues, cada espacio entre las marcaciones del tambor fijo vale un milímetro. Entonces, 4 marcas serán igual a 4 mm, 8 marcas igual a 8 mm, 12 marcas igual a 12 mm, etcétera.

-Tambor móvil o Escala: Se mueve en forma solidaria. El extremo de la espiga (que no se ve en la figura anterior) es un tornillo de un filete por milímetro. En consecuencia, una vuelta completa del tambor móvil desplaza a la espiga un milímetro.

-Trinquete: Limita la fuerza ejercida al realizar la medición.

Para ser posible la medición de una fracción de vuelta el borde achaflanado del tambor móvil está dividido en 100 partes iguales. Por tanto, cada marca del tambor móvil es 1/100 de una vuelta completa, o 1/100 de mm.

Multiplicando 1/100 por 1 mm, determinamos que cada marca en el tambor representa 0,01 mm.

Lectura del micrómetro

Cuando se aprende a leer el micrómetro conviene a veces escribir las partes que componen la medición tal como se lee en las escalas y luego sumarlas. Por ejemplo, en la figura siguiente hay visibles dos divisiones principales (27 mm). Se ven cinco divisiones menores (0,6 mm). La marca en el tambor móvil más cercana a la línea horizontal o índice del tambor fijo es la segunda marca (0,02 mm). Sumando estas partes, tenemos:

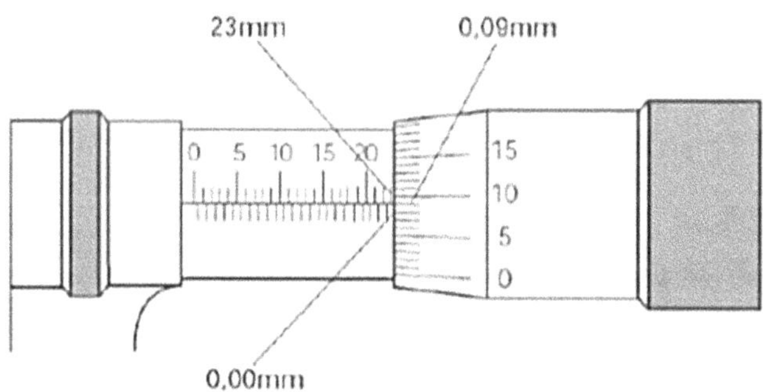

Lectura

	23,00	mm	Escala de mm enteros en el cilindro graduado
	0,00	mm	Escala de medio milímetros en el cilindro graduado
+	0,09	mm	Escala centesimal del tambor graduado
	23,09	mm	Lectura total

A veces la marca sobre el tambor móvil del micrómetro directamente sobre la línea índice del tambor fijo. Para permitir aún más pequeñas que las milésimas se ha introducido un ingenioso en forma de escala adicional.

Esta escala ha sido Vernier honor de su inventor, Pierre Vernier. Cada espacio del vernier es 1/100 cm más pequeño que un espacio de la regla. Agregando un vernier al micrómetro es posible leer con precisión la milésima de milímetro. Las marcas del vernier se hallan sobre el tambor fijo del micrómetro y son paralelas a las marcas del tambor móvil. Hay 10 divisiones del vernier que ocupan el mismo espacio que 9 divisiones en el tambor móvil. Puesto que un espacio del tambor móvil es un centésimo de mm, un espacio del vernier es 1/10 de 9/100 mm, ó 9/1000 mm. Es 1/1000 mm más pequeño que un espacio del tambor móvil. Entonces, como en la explicación anterior de los vernieres, es factible leer la milésima de mm leyendo el dígito del vernier cuya marca coincide con una marca del tambor móvil.

Calibres de pasa o no pasa

Son dispositivos con tamaño estándar establecido, que realizan inspecciones físicas de las características de una pieza, para determinar si la característica de ésta, sencillamente pasa o no pasa la inspección. Por lo que no se hace ningún esfuerzo de determinar el grado exacto de error en la pieza a medir, por lo tanto, determina si una parte simplemente encaja o no. Este es un método rápido para medir roscas externas y consiste en un par de anillos roscados pasa, no pasa, estos calibres se fijan a los límites de la tolerancia de la parte. Su aplicación simplemente es atornillarlos sobre la misma. El de pasa debe entrar sin fuerza sobre la longitud de la rosca y el de no pasa no debe introducirse más de dos hilos antes de que se atore, también hay calibres roscados pasa, no-pasa para la inspección de roscas internas. En lo que respecta al diámetro del mayor cilindro perfecto imaginario, el cual se inscribe dentro del agujero de modo que contacte justamente los puntos altos de la superficie, no deberá ser un diámetro menor que el límite de tamaño pasa; adicionalmente el máximo diámetro en cualquier posición dentro del agujero no debe exceder el límite de tamaño no pasa. En pernos, el diámetro del menor cilindro perfecto imaginario, el cual puede circunscribirse alrededor del perno de modo que contacte justamente los puntos más altos de la superficie, no deberá ser un diámetro mayor que el límite de tamaño pasa. Además, el mínimo diámetro en cualquier posición sobre el perno no debe ser menor que el límite de tamaño no pasa. La interpretación anterior describe que si el tamaño del agujero o perno está en cada punto en su límite pasa, entonces el agujero o perno deberá ser perfectamente redondo o recto. Un sistema correcto de calibres límite para inspeccionar pernos y agujeros, de acuerdo con este principio un agujero debería ensamblar correctamente con un perno patrón cilíndrico pasa, hecho al límite pasa especificado del agujero y de una longitud al menos igual a la longitud de ensamble del agujero y perno. El agujero se mide o se inspecciona para verificar que su diámetro máximo no sea mayor que el límite no-pasa. Por último, el eje se mide o se inspecciona para verificar que su diámetro mínimo no sea menor que el límite no pasa. Los calibres -pasa- con la condición de material máximo y los calibres -no pasa- con la condición de material mínimo, servirán para establecer las tolerancias del fabricante y el desgaste del calibre.

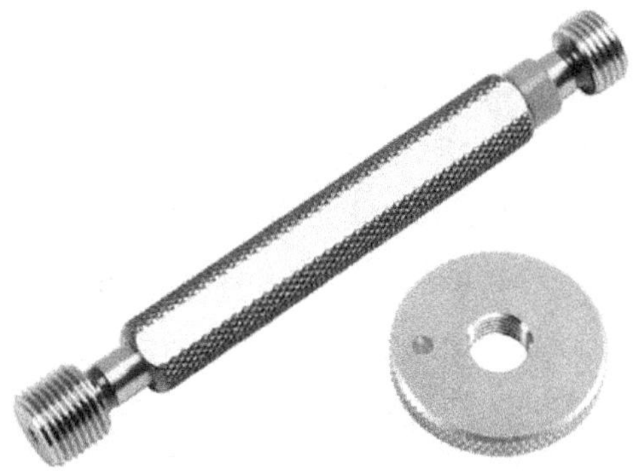

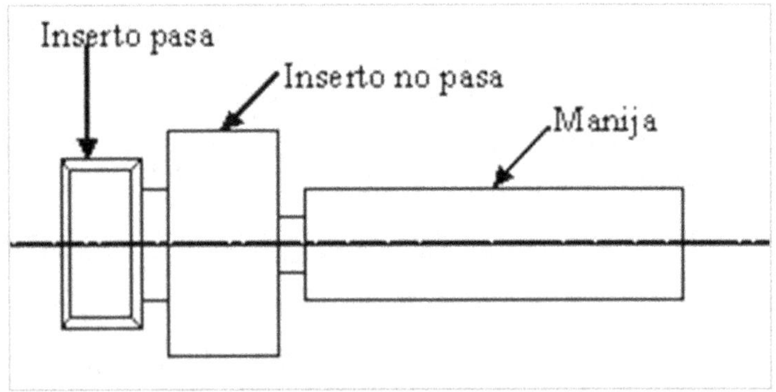

Detalle del "pasa no pasa"

Ejercicios con Calibre y Micrómetro

Realizar la medida en un calibre real.

Calibre

A) Milímetros

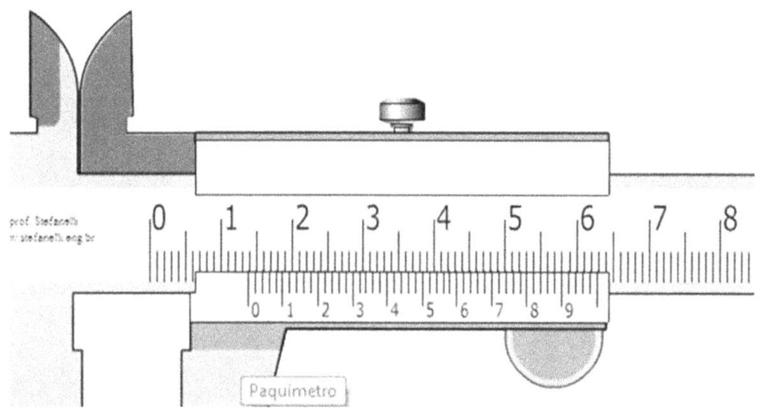

Sensibilidad Vernier = 0,02 mm

Lectura = 13 + 40 x 0,02 = **13.80 mm**

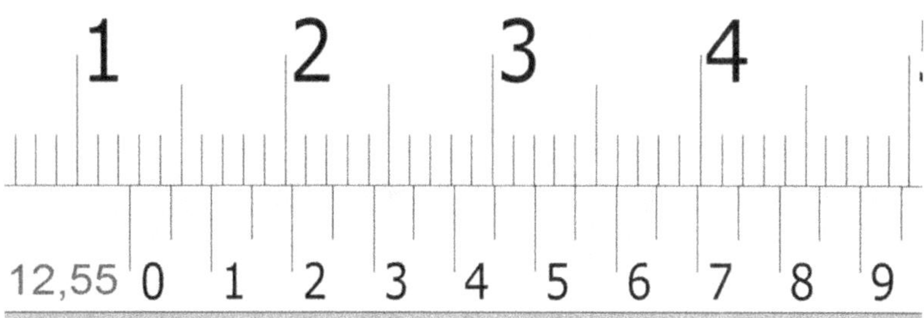

Sensibilidad Vernier = 0,05 mm

Lectura = 12 + 11 x 0,05= **12,55 mm**

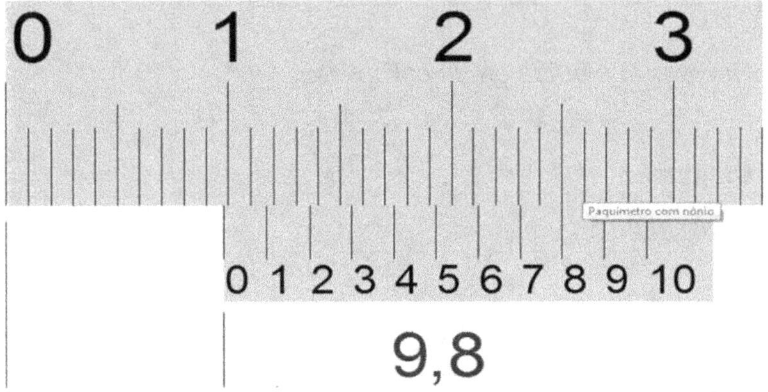

Sensibilidad Vernier = 0,01 mm

Lectura = 9 + 8 x 0,01= **9,8 mm**

B) Pulgadas milesimales

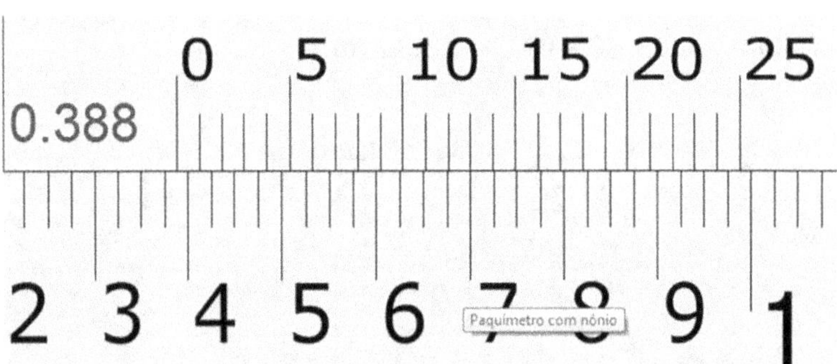

Sensibilidad Vernier = 0,001"

Lectura = 0 + 15/40 + 13 x 0,001= **0,388"**

C) Pulgada fraccionada

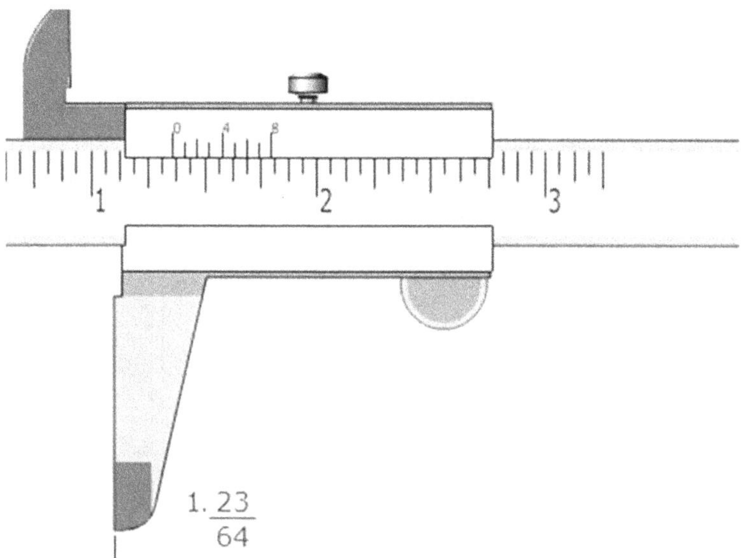

Sensibilidad Vernier = 1/128"

Lectura = 1 + 5/16 + 6 x 1/128 = 1 + 40/128 + 6/128 =

1.46/128 = **1/23/64"**

Micrómetro

A) Micrómetro en milímetros con resolución centesimal

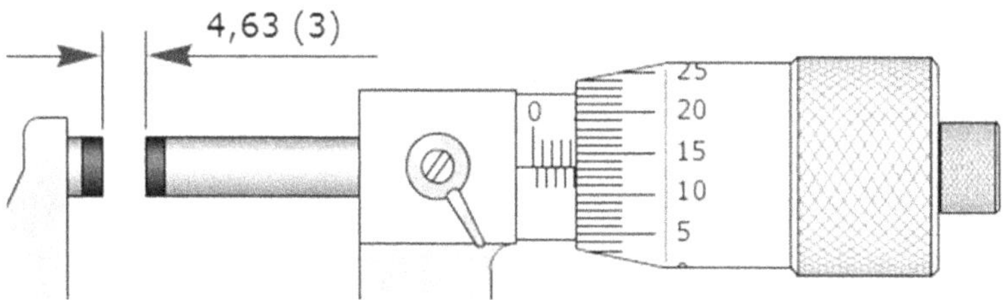

Sensibilidad = 0,01 mm

Lectura = 4.5 + 13 x 0,01= **4,63 mm**

B) Micrómetro en milímetros con resolución milesimal

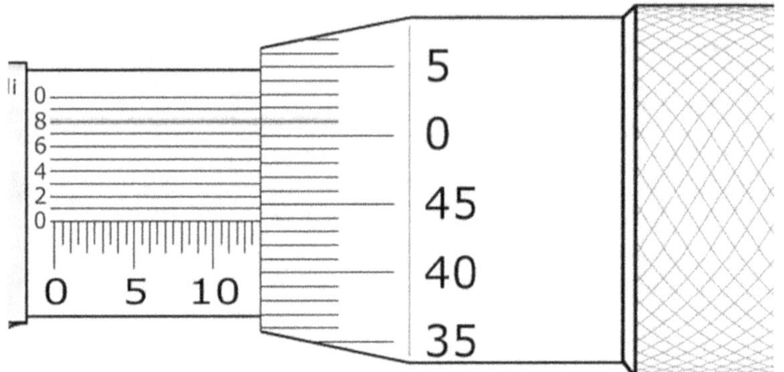

Sensibilidad = 0,001 mm

Lectura = 12.5 + 0,43 + 8 x 0,001= **12,938 mm**

C) Micrómetro en pulgada con resolución milesimal

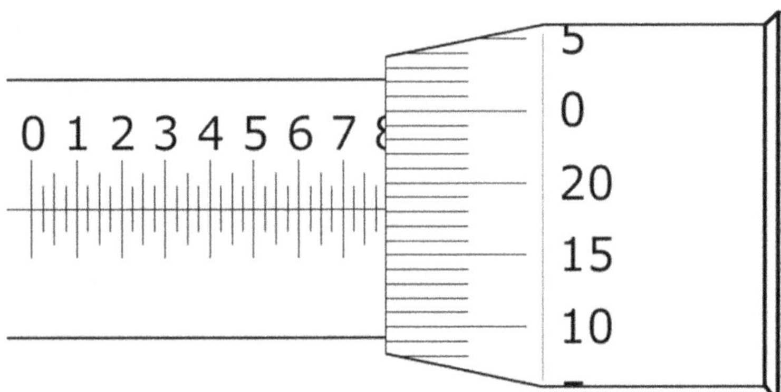

Sensibilidad = 0,001"

Lectura = 0 + 31/40" + 18 x 0,001= **0,793"**

Aparatos de medida

Tomando lo referente a los aparatos de medida, se puede decir que son elementos que actúan manteniendo una relación entre variables físicas de entrada y variables físicas de salida. Este principio básico de funcionamiento, constituye la esencia del aparato de medida y lo diferencia con otras máquinas como las de generación o transmisión de potencia. La función principal que cumple entonces un aparato de medida es la adquisición de información por medio del sensor, procesamiento, y presentación final de la información medida a un observador o a otras máquinas de procesamiento de información. La medición es una forma especial de representación por símbolos en la cual las propiedades de algunos objetos o eventos son representadas por números reales, por intermedio de una regla de correspondencia definida por la escala de medición (ver adelante definición de escala de medición). Los símbolos por intermedio de los cuales viene la información en los aparatos de medición son estados de una variable física o parámetros de esta variable que cambian o no con el tiempo. Las medidas tienen por objeto reproducir, a partir de una familia de variable de entrada Xe, una familia de variable de salida correspondiente, Xa. Considerando un sistema real deben tomarse en cuenta las perturbaciones representadas por la variable Ze. Ver figura siguiente.

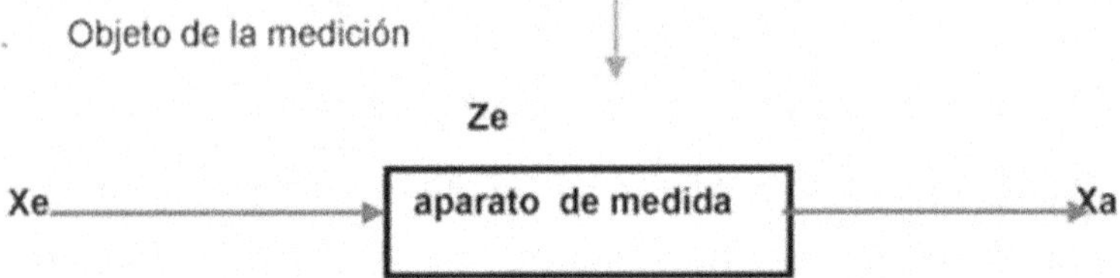

La medición puede ser vista como una operación matemática OP y por lo tanto como un mapeo de las señales de entrada y las perturbaciones en el espacio de las señales de salida.

Una ecuación matemática que describe la anterior apreciación, tiene la forma:

$$Xa = OP \{ Xe \; ; Ze \}$$

Se define una máquina como un dispositivo que ejecuta la transformación de una entrada física en una salida física, con un propósito definido. Así los aparatos de medida pueden ser considerados como máquinas ya que su propósito es producir una salida la lleva información al respecto de la entrada, siguiendo una relación funcional definida. Los aparatos de medidas pueden ser considerados máquinas de información junto con los instrumentos para computación, comunicación y control. Considerando un sistema como un conglomerado de componentes simples que están organizados para cumplir una función que trabajan como un todo, se puede adoptar este esquema para analizar y sintetizar aparatos de medición.

Formas de aplicación de un aparato de medición

Por su relación con otros sistemas un aparato de medida puede aplicarse de acuerdo a una o varias de las posibilidades siguientes:

- Monitorización de procesos y operaciones.
- Control de procesos y operaciones.
- Ingeniería de análisis experimental.

Monitorización de proceso y operaciones

Como aplicación en funciones de monitorización, los aparatos de medida sirven para indicar características dimensionales, condiciones ambientales, conteo de cantidades de consumo, etc. es el caso de la utilización de termómetros, barómetros, calibradores pie de rey, micrómetros, medidores de agua, gas, electricidad, etc. También se consideran funciones de monitorización, las técnicas de adquisición de datos con el fin de analizarlos a través de medios computacionales.

Control de procesos y operaciones

Este es otro tipo de aplicación de suma importancia en la que el aparato de medida forma parte de un sistema de control automático. Dichos sistemas se caracterizan en general por emplear el aparato de medida dentro de un circuito o lazo que puede ser abierto o cerrado. Sistema de control de lazo o bucle abierto. Este se puede definir como aquel que compara el valor de la variable o condición a controlar con un valor deseado y efectúa una acción de corrección de acuerdo con la desviación existente sin que el ser humano intervenga en absoluto.

Aparato de medida en un lazo o bucle abierto de control
Como se puede observar en la Figura siguiente, el aparato de medida está conectado dentro de un sistema cuya característica es el de tener un lazo cerrado. Sistemas como éste se denominan Sistemas de control de retroalimentación o sistemas automáticos de control, cuya característica es la de que para controlar cualquier variable es necesario primero medirla.

Sistema de control de lazo o bucle cerrado

Un ejemplo de lo anterior, es el sistema de calefacción doméstica que emplea un control del tipo termostático. Un aparato para medir temperatura (por ejemplo, un bimetálico), sirve de censor de temperatura, proporcionando así la información necesaria para el correcto funcionamiento del sistema.

Aparato de medida en un sistema de control retroalimentado

Ingeniería del análisis experimental

Es un campo donde los ensayos y los resultados de éstos a través de las mediciones, sirven para investigar los comportamientos de diversas variables que influyen en una característica final de un fenómeno, que es la que se desea medir.

Un ejemplo de lo anterior lo puede constituir la determinación del coeficiente de dilatación lineal de una sustancia o un ensayo de tracción sobre una probeta de acero con el fin de medir el límite de fluencia y la resistencia última a la tracción.

Elementos de un sistema de medición

A continuación, se explicará ampliamente cada una de las partes mostradas en la Figura siguiente.

Un aparato de medida como sistema que es está conformado internamente por varios elementos interconectados entre sí y con una función específica, que en general se puede representar mediante un diagrama como el mostrado en la Figura siguiente.

Elementos de un aparato de medida.

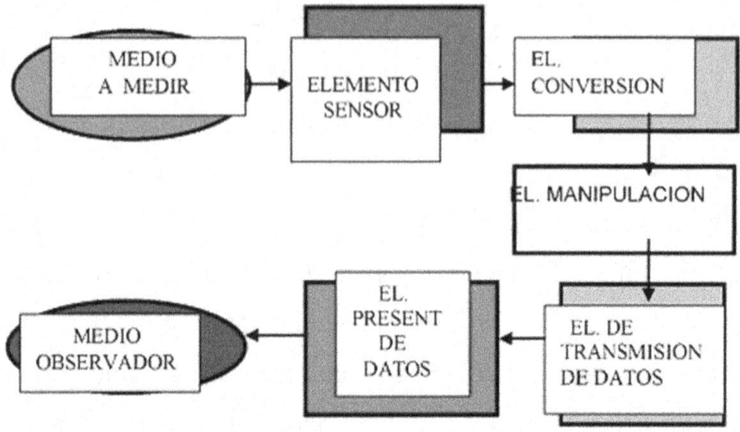

Elemento sensor

-Sensores. Son elementos de un instrumento de medición o de una cadena de medición que es afectado en forma directa por la magnitud a medir.

Según el texto denominado Fundamentos de Metrología se define al sensor como elemento de un instrumento de medición que sirve para tomar la información relativa a la magnitud a medir.

Ejemplos: Termocupla de un termómetro termoeléctrico, órgano motor de un medidor de caudal, tubo Bourdon de un manómetro, flotador de aparato medidor de nivel.

Otras definiciones no menos importantes establecen que el sensor es un dispositivo que suministra señal para la detección o medida de una propiedad física a la cual responde. Muchas veces al sensor se le confunde con Detector. El detector es un dispositivo o sustancia que indica la Presencia de un fenómeno, sin suministrar necesariamente un valor de una magnitud asociada.

Ejemplos: El papel tornasol, El detector de metales, el detector de la presencia de fuego que actúa sobre un sistema de extinción de incendios, etc.

-Observación: Únicamente cuando el valor de la cantidad alcanza un umbral conocido como Límite de detección del detector, se puede producir una indicación.

Tipos de sensores

La clasificación presentada aquí no es en absoluto la más completa, pero pretende mostrar los diferentes tipos de sensores según su forma de aplicación y de actuación para orientar mejor al lector en su comprensión.

-Sensores pasivos. Son aquellos que requieren una fuente de energía que puede ser modulada por el parámetro a ser medido dando una señal de salida adecuada. Ejemplo: El sensor capacitivo para medir desplazamientos, es modulado por variación de la distancia entre sus placas.

-Sensores activos. Son aquellos que adquieren la energía del propio parámetro a ser medido. Ejemplo: el sensor del tipo piezoeléctrico.

-Sensores simples. Son los que tienen un sólo nivel de transducción, como los manómetros, por ejemplo.

-Sensores compuestos. Tienen dos o más niveles de transducción, como por ejemplo un manómetro de diafragma en el cual el diafragma se deforma y a su vez estas deformaciones son captadas por una galga extensiométrica que, conectada a un puente de Wheatstone, suministra señales del tipo eléctrico que pueden ser leídas por medio de un voltímetro.

-Sensores analógicos o digitales. Son aquellos que suministran una señal de salida en forma continua o analógica o en forma discreta o digital.

-Sensores invasivos / No invasivos. Son aquellos que están en contacto o tienen interacción con el parámetro que está siendo medido.

-Sensores Intrusivos / No Intrusivos. Son aquellos que se acomodan de acuerdo a poder o no tener interacción física con el parámetro a ser medido.

Mediante la Figura siguiente se pueden observar este tipo de sensores. El tipo de Señales de salida ofrecidas por los sensores pueden ser:

Análogas (Tensión, corriente, desplazamiento lineal, desplazamiento angular, presión, amplitud, modulación, entre otras), de Frecuencia (Diversas formas de ondas, pulsos, modulación en frecuencia, etc.), de Codificación digital (codificadores ópticos, eléctricos o magnéticos, que usan códigos binarios o de Gray), de Modulación en amplitud, Largura del pulso, Posición del pulso, etc.

La utilización de sensores en aplicaciones específicas ha crecido bastante en los países industrializados últimamente, especialmente los sensores de las variables más comunes en procesos industriales, (presión, temperatura, flujo, etc.). Las nuevas tecnologías, además, han extendido el uso de sensores a nuevos espacios como es el caso de las fibras ópticas y los sensores de silicio.

Tipos de sensores

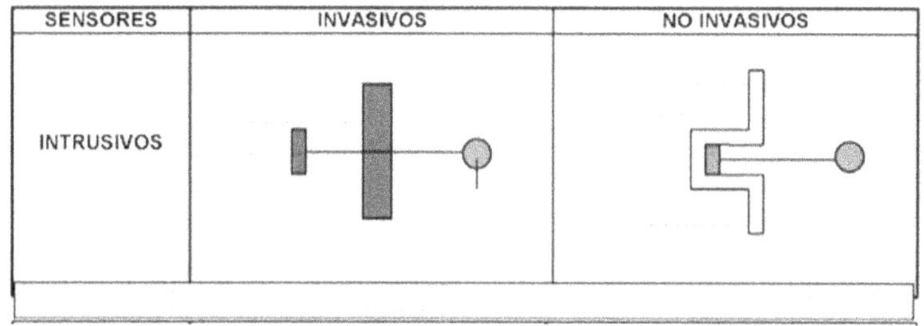

Transductores

El transductor se define como un dispositivo que suministra una magnitud de salida que tiene una relación determinada con la magnitud de entrada. Ejemplos: Una Termocupla, un transformador de corriente, un extensómetro, un electrodo de pH. Otra definición muy popular es que el transductor consiste en un dispositivo que convierte variaciones de una cantidad a variaciones de otra. Por último, se define como un instrumento que sirve para transformar, según una ley determinada, la magnitud medida (o bien una magnitud ya transformada de la magnitud medida) en otra magnitud o en otro valor de la misma magnitud, con precisión especificada y que constituye un conjunto que puede usarse en forma separada. Son transductores un relé, un transmisor, un convertidor PP/I (presión de proceso a intensidad). Un caso particular son los convertidores P/I o I/P (señal neumática de entrada a electrónica de salida o viceversa).

Elemento de manipulación

Al ejecutar su propio trabajo, un aparato de medida puede requerir que una señal representada por alguna variable física se manipule de alguna manera. Por manipulación se debe entender, específicamente, un cambio en valor numérico de acuerdo con alguna regla definida, pero conservando la naturaleza física de la variable. Ejemplos: Amplificador electrónico donde se acepta una señal de pequeño voltaje como entrada y se produce una señal de salida que también es un voltaje un número constante de veces mayor que la entrada.

Elemento Transmisor de datos

Debido a que los elementos constitutivos de un aparato de medida están separados entre sí, la transmisión de información entre unos y otros debe realizarse por algún medio y éste es precisamente el elemento transmisor. Puede ser muy sencillo como un cojinete y un eje, o tan complicado como un sistema de telemetría, para transmitir por radio señales de los proyectiles espaciales al equipo de tierra, o, transmisiones por vía satélite entre dos ciudades en puntos distintos de la tierra utilizando computadores que a su vez estén conectados a sistemas de producción. Los transmisores pueden trabajar con varios tipos de señales neumáticas, electrónicas, hidráulicas, o telemétricas para mencionar las más empleadas en la industria.

Elemento de presentación de datos

Este elemento también se conoce como Dispositivo Indicador que está definido, como parte de un instrumento de medición que muestra una indicación. Además de la definición anterior para el efecto de presentación de datos también, los instrumentos de medición pueden poseer un Dispositivo de Registro, que según la norma NTC 2194 es la parte de un instrumento de medición que suministra un registro o una indicación.

-Índice. Parte fija móvil del dispositivo indicador cuya posición con relación a las marcas permite determinar los resultados de la medición. Como índices, los aparatos de medida pueden emplear: Agujas, Manchas Luminosas, La superficie de un líquido o una pluma registradora.

-Marca de Escala. Trazo u otra señal en el dispositivo indicador, que corresponde a uno o varios valores determinados de la magnitud medida. En las escalas numéricas las cifras son también consideradas como marcas.

-Escala. Conjunto ordenado de marcas en el dispositivo indicador del aparato de medida o instrumento de medida.

Las marcas de escala pueden ser cifras u otros signos y la numeración puede ser abstracta corresponder a las unidades de medida utilizadas. Ciertos instrumentos denominados de alcance múltiple, pueden tener varias escalas, o una sola escala con numeración cambiante o un conmutador de multiplicación.

Escala graduada y numerada

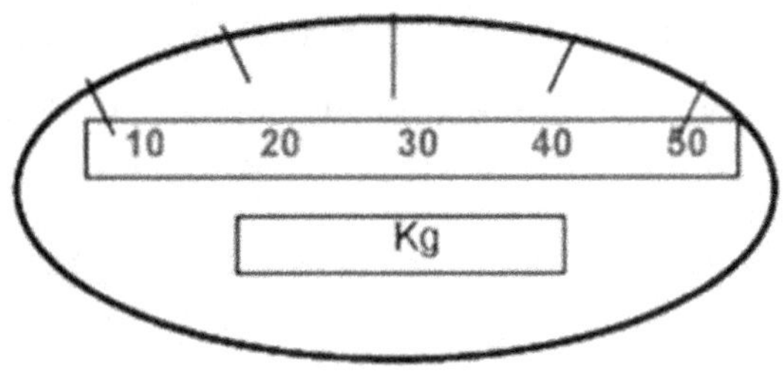

-División de la Escala. Parte de una escala entre dos marcas sucesivas de la escala.

-Zona de Escala. Conjunto de las divisiones comprendidas entre dos marcas determinadas de la escala.

-Longitud de Escala. Para una escala dada, la longitud de la línea suave comprendida entre la primera y la última marca de escala, y que a través de los centros de todas las marcas de la escala más cortas. En otras palabras y como es evidente la longitud de una escala está dada en unidades longitudinales y no en unidades de la magnitud a ser medida. La línea puede ser real o imaginaria, curva o recta y su longitud se expresa en unidades de longitud, independientemente de las unidades de la magnitud por medir o de las unidades marcadas en la escala.

-Espaciamiento de la Escala. Distancia entre dos marcas sucesivas de la escala medida a lo largo de la misma línea de longitud de la escala. El espaciamiento de la escala se expresa en unidades de longitud, independientemente de las unidades de la magnitud por medir o de las unidades marcadas en la escala.

-Intervalo Lineal de la Escala. Diferencia entre los valores correspondientes a dos marcas sucesivas de la escala. El intervalo lineal de la escala se expresa en las unidades marcadas en la misma, independientemente de las unidades de la magnitud por medir. Las escalas, además, presentan la siguiente tipología según su conformación y constitución:

-Escala Lineal. Escala en la cual cada uno de sus espaciamientos está relacionado con el correspondiente intervalo lineal de escala, mediante un coeficiente de proporcionalidad que es constante a lo largo de la escala. Es decir, la longitud de cada división es proporcional al valor de la misma.

-Escala Regular. Escala cuyas divisiones tienen igual longitud y el mismo valor.

Como se observa, la escala regular es un caso especial de la escala lineal.

Existen dos clases de esta escala: Escala Regular en toda la extensión y escala regular en una extensión determinada.

Ver Figura siguiente.

Escala Regular

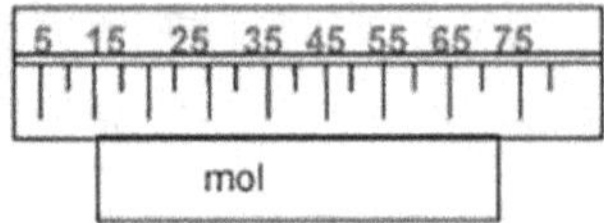

Escala Regular en Toda la Extensión

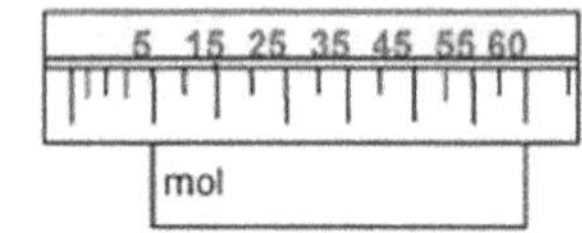

Escala Regular en la Extensión de 5 a 60 mol

-Escala no Lineal. Escala en la cual cada uno de sus espaciamientos está relacionado con el correspondiente intervalo lineal de la escala, mediante un coeficiente de proporcionalidad que no es constante a lo largo de la escala. Es decir, las longitudes de las divisiones no son proporcionales a sus valores. Algunas escalas no lineales se designan mediante nombres especiales tales como: Escala logarítmica, escala cuadrática, etc.

Escala no Lineal

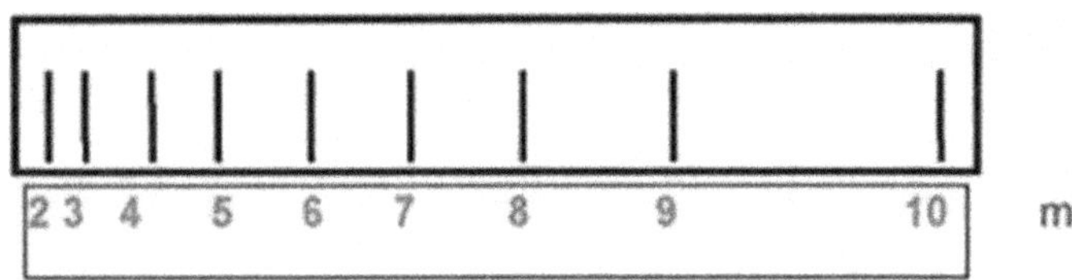

-Escala Digital. Escala cuyas marcas se presentan en forma discontinua, como un conjunto de números alineados que indican en forma directa el valor numérico de la magnitud medida.

La indicación de una escala digital es discontinua o discreta.

Escala Digital

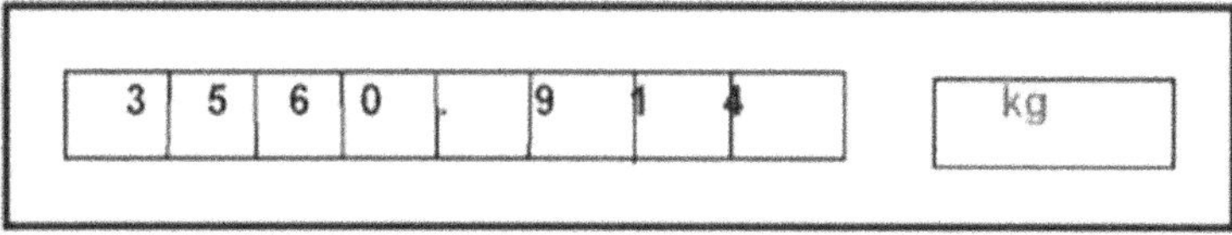

-Escala Semidigital. Escala cuya primera cifra a la derecha, es decir, la pertenencia a la escala de menor división se desplaza en forma continua, permitiendo la lectura de una fracción del intervalo entre dos números consecutivos.

Escala Semidigital

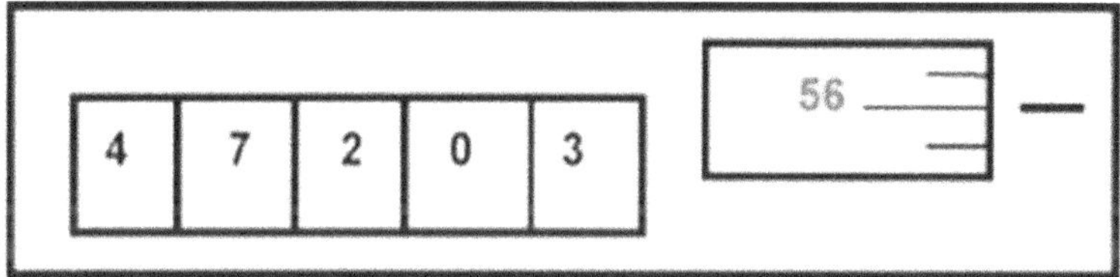

-Cuadrante. Parte fija o móvil de un dispositivo indicador en la cual se encuentra la escala o las escalas.

En algunos dispositivos indicadores el cuadrante adopta la forma de tambores o discos numerados y se desplaza respecto de un índice fijo o una ventana.

-Numeración de la Escala. Conjunto ordenado de números asociados con las marcas de la escala.

-Marcación de un Aparato de Medida. Operación de fijar las posiciones de las marcas de la escala en un aparato de medida (en algunos casos, únicamente de ciertas marcas principales), en relación con los valores correspondientes de las magnitudes por medir.

-Soporte de Registro. Banda, disco y hoja (de papel, por lo común, aunque también eventualmente se emplea vidrio ahumado como es el caso de algunos aparatos para medir estados superficiales) sobre la cual se registran en forma de diagrama, las indicaciones de un instrumento de medición. En la Figura siguiente se pueden observar distintas modalidades de soporte de registro tales como: banda, disco y hoja, que son muy utilizadas en la industria para efectos de control de variables de producción (temperatura, humedad, presión, etc.) y que son indispensables para el control de procesos en la elaboración de diferentes productos o en el suministro de variedad de servicios.

Soporte de Registro

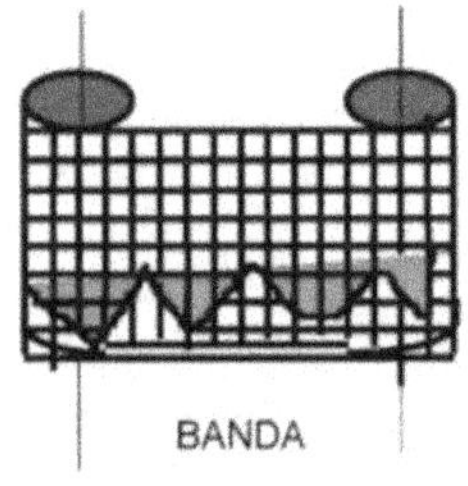

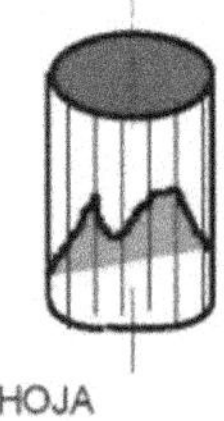

Clasificación Genérica de los aparatos de medida

-Aparato Medidor Indicador. Aparato medidor que da, por simple indicación (única), el valor de una magnitud medida (sin imprimir, ni registrar esta indicación). Ejemplos: Micrómetro, manómetro, voltímetro.

-Contador. Aparato medidor integrador que indica progresivamente los valores de la magnitud medida acumulados durante cierto tiempo.

Se debe aclarar que, en el dispositivo indicador de un contador continuo, el primer elemento móvil (disco, tambor numerado, etc.) que tiene el más pequeño valor de escala se mueve por lo general de manera continua durante el curso de la medición.

Ejemplo: Contador de Consumo de Agua, Contador de Energía Eléctrica.

-Aparato Medidor Dosificador. Aparato medidor continuo o discontinúo que suministra en forma automática y periódica cantidades predeterminadas de un producto.

-Aparato Medidor Registrador. Aparato medidor que inscribe sobre un soporte de registro las indicaciones o informaciones que suministra para las mediciones efectuadas de una o varias magnitudes.

Ejemplo: Voltímetro Registrador, termógrafo, barógrafo, Rugosímetro.

-Aparato Medidor con Índice Móvil. Aparato medidor en el cual las indicaciones están dadas por la posición de un índice móvil ante una escala fija.

-Aparato Medidor Analógico. Aparato medidor cuya indicación es función continua de las variables del valor correspondiente de la magnitud que se mide.

-Aparato Medidor Discontinuo. Aparato medidor cuya indicación es función discontinua de las variaciones del valor correspondiente de la magnitud que se mide. Puede estar constituido por una aguja que se mueve en forma discontinua (discreta) frente a una escala continua, o por una escala numérica.

Cualidades de un instrumento de medida

También denominadas características de un instrumento de medición, se refieren a todas aquellas que tienen que ver con su funcionamiento y que sirven eventualmente para su correcta selección en aras a obtener una aplicación acorde con las necesidades de medida específicas. Las características de un instrumento de medición se pueden dividir en dos grandes ramas: Características Estáticas y Características Dinámicas que en conjunto representan las cualidades de un instrumento de medida y que se pueden relacionar según la Tabla siguiente. Es de aclarar que ésta tabla tan sólo constituye un modelo de organización y sólo pretende visualizar de una manera metódica los atributos de los instrumentos de medida sin querer indicar que allí estén todos los posibles. Sin embargo, se contemplan los más importantes que corresponden a los criterios empleados tanto por

Fabricantes de Aparatos de Medida como de Instituciones Internacionales especializadas en el ramo tal como Organización Internacional de Metrología Legal O.I.M.L.

ASPECTO DE DESEMPEÑO	ASPECTO DE OPERACIÓN	ASPECTO FÍSICO	ASPECTO ECONÓMICO
Características Estáticas Resolución Rango de la indicación Intervalo de medición Alcance Exactitud Precisión Repetibilidad Reproductibilidad Zona muerta Histéresis Sensibilidad Constancia Umbral de discriminación Deriva	Seguridad Ergonomía Portabilidad Disponibilidad Confiabilidad	Tamaño Peso Potencia Refrigeración	Costo Final Mantenimiento y Repuestos Instalación Costos Operacionales
Características Dinámicas			

Cualidades de un Instrumento de Medida

Características estáticas de los instrumentos de medida

A continuación, se explican las más importantes consideradas dentro de las Normas Internacionales.

Resolución

Referido al dispositivo indicador o de registro es la menor diferencia entre las indicaciones que se puede distinguir em forma significativa. Algunas veces se denomina también aproximación del aparato de medida referida al valor mínimo de la división de la escala del mismo. De otra parte, la resolución se asocia al cambio más pequeño que se detecta en un valor medido indicado por el sistema de medición. Un voltímetro cuyo valor de división es de 0.5 voltios tiene una aproximación de 0.5 voltios.

Rango de la Indicación

Conjunto de valores limitados por las indicaciones de los extremos. Esto es, el intervalo comprendido entre el valor de la lectura mínima que puede suministrar el instrumento y el valor de la lectura máxima.

Para un Manómetro graduado desde 25 hasta 150 Pa. Su rango es de 25 - 150 Pa.

Intervalo de Medición

Módulo de la diferencia entre los dos límites de un intervalo nominal es decir entre su límite inferior y superior.

Para un intervalo nominal de 40 V a 120 V, el intervalo de medición es de 80 V.

Para un intervalo nominal expresado como -30 °C a 50°C, el intervalo de medición es de 80°C.

Alcance

Denominado a veces capacidad de un instrumento de medida, es la diferencia entre los valores extremos del rango de indicación del instrumento de medición.

Para un Manómetro graduado desde 25 hasta 150 Pa. el alcance es de 125 Pa.

Exactitud

Es la aptitud de un instrumento de medición para dar respuestas próximas a un valor verdadero.

De acuerdo a lo anterior, la exactitud de un aparato indica la variación entre la medida leída y la medida real del objeto.

Otra forma de definir la exactitud es la Aptitud de un instrumento para dar respuestas cercanas a un valor verdadero.

También se interpreta como la cercanía con la cual un sistema de medición indica el valor real.

La exactitud se relaciona con el error (de indicación) de un instrumento de medición que es la indicación del instrumento de medición menos el valor verdadero de la magnitud de entrada.

Como valor verdadero, se utiliza con frecuencia un Patrón de Referencia de la magnitud.

Técnicamente existen varias formas de expresar la exactitud: En tanto por ciento del alcance, que es una forma más utilizada para expresarla.

Por ejemplo, para una lectura de un termómetro de 150°C y una exactitud de ±0,5 % (teniendo en cuenta un alcance de 200°C), el valor real de la temperatura estará comprendido entre 150 ± 0,5 (200/100), o sea 150 ±1, es decir, entre 149 y 151 0 C.

Directamente en unidades de la variable medida.

Ejemplo: Exactitud de ± 2°C. En tanto por ciento de la lectura efectuada. Ejemplo: ± 2% de 150°C, es decir ± 3°C.

En tanto por ciento del valor máximo del campo de medida. Ejemplo: Exactitud de ± 0,5% de 300°C, es decir, ±1,5°C.

Nota: el campo de medida es el mismo rango de la indicación.

Repetibilidad

Es la aptitud de un instrumento de medición para dar indicaciones muy cercanas, en aplicaciones repetidas de la misma magnitud por medir bajo las mismas condiciones de medición.

Las Condiciones son:

- El mismo observador
- El mismo procedimiento de medición
- El mismo equipo de medición utilizado en las mismas condiciones.
- La misma Ubicación
- Repetición dentro de un periodo de tiempo corto.

Se puede expresar por medio del valor de la dispersión de las mediciones calculando la desviación estándar de la mismas o por medio del rango de las lecturas realizadas.

Cuando se hace referencia a la cercanía de los resultados de una serie de mediciones sucesivas de la misma magnitud por medir y en las mismas condiciones de medición se denomina a esto repetibilidad de los resultados de las mediciones.

La repetibilidad, se define, como la capacidad de reproducción de las posiciones de la pluma o del índice del instrumento al medir repetidamente valores idénticos de la variable en las mismas condiciones de servicio y en el mismo sentido de variación, recorriendo todo el campo de medida.

Por lo general, se expresa, además, en función de las características de dispersión de los resultados, como tanto por ciento del alcance.

Reproductibilidad

Se refiere a los resultados de mediciones y se define como la cercanía entre los resultados de las mediciones de la misma magnitud por medir, efectuadas bajo condiciones de medición diferentes.

Las condiciones que cambian pueden ser:
- El principio de medición
- El método de medición
- El observador
- El instrumento de medición
- El patrón de referencia

- El lugar

- Las condiciones de uso

- El tiempo entre mediciones.

Zona Muerta

Máximo intervalo a través del cual se puede cambiar una entrada en ambas direcciones sin que reproduzca un cambio en la repuesta o salida de un instrumento de medición.

En otras palabras, se refiere a un conjunto de valores de la magnitud que no produce indicación o respuesta.

Se expresa como porcentaje del alcance del instrumento.

Histéresis

Es la diferencia entre las lecturas en dirección ascendente y dirección descendente.

Para una señal de entrada particular, el error de histéresis se determina a partir de la diferencia de los valores de respuesta o salida a escala ascendente y escala descendente y se expresa en términos de la máxima diferencia.

La histéresis es la diferencia máxima que se observa en los valores indicados por el índice la pluma del instrumento para un mismo valor cualquiera del campo de medida, cuando la variable recorre toda la escala en los dos sentidos, ascendente y descendente.

Se expresa en tanto por ciento del alcance de la medida.

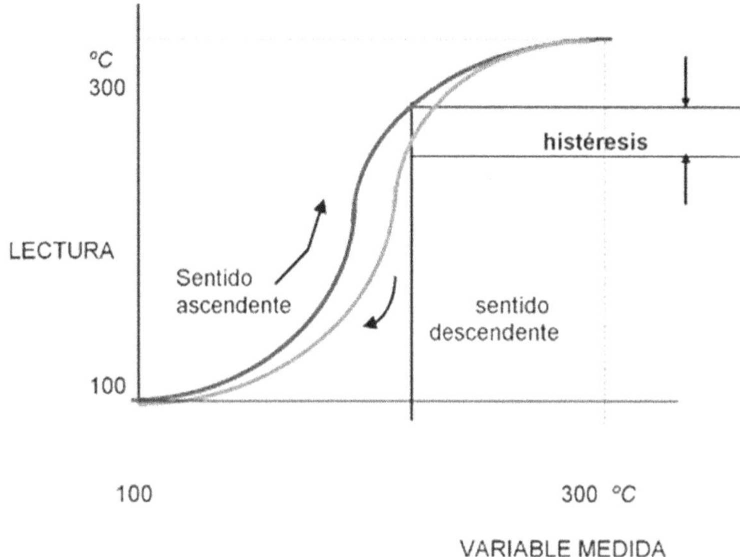

Precisión y exactitud

Como vimos, la precisión de un instrumento o un método de medición está asociada a la sensibilidad o menor variación de la magnitud que se pueda detectar con dicho instrumento o método. Así, decimos que un tornillo micrométrico (con una apreciación nominal de 10 µm) es más preciso que una regla graduada en milímetros; que un cronómetro con una apreciación de 10 ms es más preciso que un reloj común, etc. Además de la precisión, otra fuente de error que se origina en los instrumentos es la exactitud de los mismos.

La exactitud de un instrumento o método de medición está asociada a la calidad de la calibración del mismo. Imaginemos que el cronómetro que usamos es capaz de determinar la centésima de segundo, pero adelanta dos minutos por hora, mientras que un reloj de pulsera común no lo hace. En este caso decimos que el cronómetro es todavía más preciso que el reloj común, pero menos exacto. La exactitud es una medida de la calidad de la calibración de nuestro instrumento respecto de patrones de medida aceptados internacionalmente. En general los instrumentos vienen calibrados, pero dentro de ciertos límites. Es deseable que la calibración de un instrumento sea tan buena como la apreciación del mismo.

Sensibilidad

Es el cociente entre un cambio de la respuesta de un instrumento de medida y un cambio en la señal de entrada al mismo. También se define como la razón entre el incremento de la lectura en un instrumento de medida y el incremento en la variable de entrada que lo ocasiona, después de alcanzar el estado de reposo. Se expresa como porcentaje del alcance.

Nota: También se suele algunas veces definir la sensibilidad como la relación existente entre una división de la escala del aparato de medida y la medida que le corresponde.

Ejemplo: Si cada división de un reloj comparador mide 4 mm y el valor de esa división es de 0.1, la sensibilidad del aparato será de 4/0.1 = 40 esto quiere decir que se amplifica la medida cuarenta veces. La sensibilidad de un aparato se expresa por su amplificación (100, 300, 10000, 500000, etc.).

Constancia

Denominada también estabilidad es la aptitud de un instrumento de medición para mantener constantes sus características metrológicas a lo largo del tiempo.

Umbral de discriminación

Mayor cambio en una señal de entrada que no produce cambio detectable en la respuesta de un instrumento de medición, siendo el cambio en la señal de entrada lenta.

Deriva

Cambio lento de una característica metrológica de un instrumento de medición.

Características dinámicas de los instrumentos de medida

Muchos instrumentos de medida, especialmente los que forman parte de sistemas de control se comportan como sistemas dinámicos, es decir, a una señal o función de entrada, responden con una señal de función de salida que presenta variación en el tiempo. Esta salida también recibe el nombre de respuesta temporal. En algunos tipos de instrumentos o aparatos de medida la Función de entrada tiene una forma específica que puede representarse por una expresión analítica o una curva dada exacta aproximada. Un ejemplo de esto último se puede dar en los medidores de los movimientos telúricos, medidores de variaciones de humedad, medidores de variaciones de presión dentro de un proceso industrial, en fin, un sinnúmero de aplicaciones que se dan en la vida diaria.

Sin embargo, para efecto de conocer el comportamiento o respuesta dinámica de los aparatos de medida, se emplean funciones de entrada normalizadas como lo son:

- Función Senoidal
- Serie de Potencias
- Función escalón Unitario (también se emplea una función escalón no unitario)
- Función Rampa Unitaria (Escalón de Velocidad)
- Función Parabólica Unitaria (Escalón de Aceleración)
- Función Impulso Unitario

Es así que entonces la respuesta de un aparato de medida a cualquiera de las anteriores señales o funciones, presenta una forma particular en dependencia de la señal de entrada ligada al tiempo.

La mayoría de laboratorios de ensayo emplean para comprobar las características dinámicas de los aparatos de medida, una entrada escalón unitario.

Características dinámicas de un aparato de medida

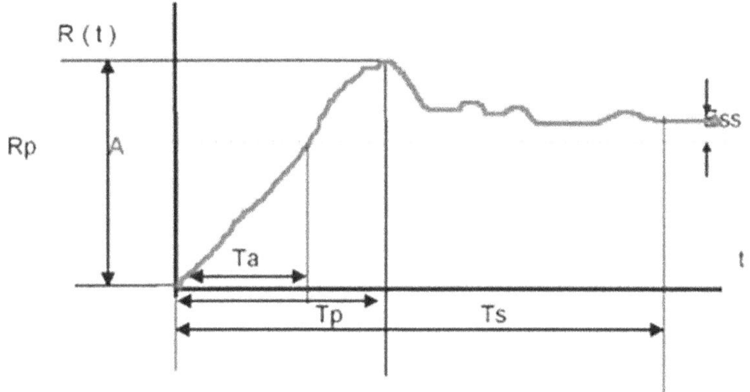

La figura representa la respuesta con respecto al tiempo para una señal de entrada escalón normalizado y como se nota, consta de las partes que a continuación se explican.

Rp: Sobre-elongación Máxima o Respuesta Pico que corresponde a un tiempo denominado Tiempo Pico Tp.

La ecuación matemática para este parámetro es:

$$Rp = A + e^{\frac{-\delta \pi}{\sqrt{1-\delta^2}}}$$

Tp: Tiempo Pico, que corresponde a la respuesta pico o máxima, su ecuación, es:

$$T_p = \frac{\pi}{W_n \sqrt{1 - \delta^2}}$$

Donde W n, es la frecuencia natural no amortiguada para el aparato de medida.

Ts: Tiempo de Estabilización, que es el tiempo en el cual el aparato de medida suministra la lectura o respuesta. Este tiempo es el necesario para que las oscilaciones decrezcan a un porcentaje absoluto especificado del valor final.

Seguridad

Se Refiere a todo lo concerniente con los aspectos de manipulación de los instrumentos de medida, que garanticen su manejo sin que, por ejemplo, se exponga la vida de los operarios, así como también y en lo referente a la adquisición de datos, la preservación y manejo de los mismos.

Ergonomía

La Ergonomía es el estudio de las relaciones entre el hombre y el medio ambiente en el cual él trabaja. Los instrumentos deben presentar información relevante en un formato claro. El instrumento debe también tener controles por medio de los cuales el operador puede obtener, manipular y responder a las informaciones dadas por el aparato. Para eso debe existir una comunicación efectiva entre hombre y máquina. El proyectista de instrumentos debe tener en cuenta no solamente los aspectos funcionales del instrumento sino también el confort, la seguridad y las limitaciones del operador humano cuando está trabajando o haciendo mantenimiento del equipo.

Los tableros, escalas, índices, pantallas, graficadores, etc., son los medios principales de comunicación entre los instrumentos y el usuario.

Ellos pueden tomar las siguientes formas:

-Información Cuantitativa. Donde el valor de la variable se presenta en forma numérica o análoga por medio de una escala graduada.

-Información Cualitativa. Donde sólo interesa el valor aproximado o la tendencia de la variable.

-Información de Estado. Indica condiciones discretas del tipo Entrada-Salida u ON-OFF.

-Información de Representación. Donde aparece la representación gráfica de las variables o sistema que está siendo monitoreado.

-Información Simbólica o Alfanumérica. Aquí la información aparece en impresoras como mensajes lingüísticos.

-Los controles son el medio de comunicación entre el usuario y el instrumento.

Ellos pueden tomar las siguientes formas:

- Ajustes continuos suaves.
- Ajustes discretos usando llaves.

- Entradas por teclado.
- Controles acústicos por voz, etc.

Muchas veces los controles también son mostrados a manera de comando estableciendo un lazo de realimentación visual para que el usuario consiga un control efectivo sobre el equipo. Estos aspectos y otros deben ser considerados para adecuar el proyecto de instrumentos ergonómicamente al ser humano. La tendencia actual es colocar los medios de presentación de resultados o datos en paneles centralizados con entradas y salidas comandadas por sistemas lógicos adecuados a las necesidades de cada proyecto de instrumentos.

Portabilidad

Se refiere a la facilidad de transporte de los aparatos de medida, así como el suministro de energía para su correcto funcionamiento, sobre todo, por ejemplo, en trabajos de campo.

Disponibilidad

Los aparatos de medida, patrones, equipos auxiliares, etc. deben estar en disposición de ser utilizados en el momento que se quiera o se presente alguna necesidad rutinaria o perentoria. Para ello, mediante una planeación adecuada de utilización, existencia suficiente en número de equipos que con más frecuencia se utilizan, excelentes planes de mantenimiento, existencia de repuestos, etc., se puede optimizar y racionalizar este factor de disponibilidad. De otra parte, se puede elaborar un modelo matemático de este concepto teniéndose en cuenta la Figura siguiente:

Disponibilidad

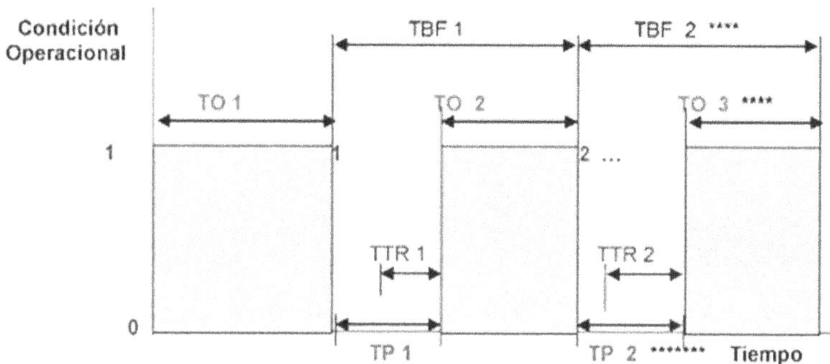

Con relación a la anterior figura, se tiene:

TO 1 , TO 2 , TO 3 , TO n	Tiempo operativo del aparato de medida
f 1 , f 2 , f 3 , ... f n	Presencia de : falla 1 , falla 2 , falla 3 ...f n
TBF 1 , TBF 2 , TBF 3 , .. TBF n	Tiempo entre fallas : 1 , 2 , 3, ... n
TTR 1 , TTR 2 , ...TTR n	Tiempo para Reparación del aparato de medida

Con los elementos anteriores, se puede definir entonces a la Disponibilidad como un parámetro que mide la oportunidad de empleo de un aparato de medida cuando se le solicite en un momento determinado y que está relacionada directamente con su estado de funcionamiento relacionado a su vez con la confiabilidad del mismo. Existen algunas relaciones matemáticas para cuantificar este parámetro que en forma general se utilizan tales como:

$$Disponibilidad = \frac{Tiempo\ promedio\ Operativo}{Tiempo\ promedio\ entre\ Fallas} = \frac{MTO}{MTBF}$$

$$Disponibilidad = \frac{Tiempo\ promedio\ entre\ Fallas}{(Tiempo\ promedio\ entre\ Fallas + Tiempo\ promedio\ en\ Reparación)}$$

$$Disponibilidad = \frac{Tiempo\ promedio\ Operativo}{Tiempo\ promedio\ de\ Parada} = \frac{MTO}{MTP}$$

Confiabilidad

El estudio de la confiabilidad de instrumentos y equipos de medición, se está ampliando considerablemente, principalmente con respecto a la seguridad de procesos industriales particularmente en las industrias químicas y plantas nucleares. La confiabilidad de un instrumento es definida como la probabilidad de que el mismo funcionará satisfactoriamente en un determinado periodo dadas ciertas condiciones ambientales, y está relacionada con los conceptos anteriormente expuestos. La falla de un aparato de medida significa la salida de éste de determinadas especificaciones. Matemáticamente la Confiabilidad es una función del tiempo y se designa por R (t). Existen muchos fenómenos físicos de naturaleza aleatoria que muestran frecuencias o razones de falla en forma de tina de baño, tal como se ilustra en la Figura.

Razón de fallos típicos

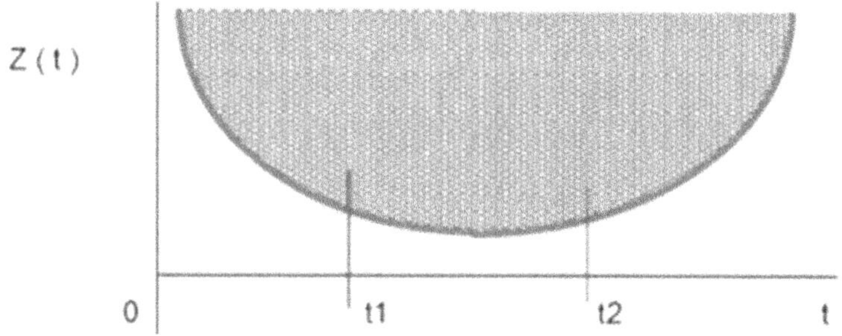

En el intervalo de tiempo, de 0 a t1, la frecuencia de fallas es apreciable, pero disminuye en valor debido al "Síndrome de mortalidad infantil" sugiriendo con esto que las primeras fallas pueden tener su origen en defectos de fabricación del aparato de medida. Durante el intervalo de ti a t2, Z (T), es casi constante, pero comienza a aumentar de valor después de t2 por fallas debidas al desgaste de los componentes.

Se puede llegar una frecuencia de fallas constante si los componentes se prueban inicialmente para detectar una frecuencia de fallas por desgaste y se reemplazan antes de t2. Después de t2 la vida del aparato se está aproximando a su fin y por consiguiente la razón de fallas aumenta con el tiempo. Los siguientes factores deben ser analizados cuando se considera la confiabilidad de un aparato o instrumento de medida:

Los costos por pérdida de producción debido a fallos
Mediante el empleo de la relación Z (t) = f(t) / R (t).

Las consecuencias de la falla en términos de riesgo de otro equipo o aparato de medida que necesite una eventual sustitución de emergencia. El costo de ensayos y pruebas de rutina, así como de calibración y mantenimiento.

Patrones y calibración

Es de gran importancia ya sea para procesos controlados automáticamente o para efectos de medir variables que caracterizan la calidad de un producto o servicio, el de disponer de aparatos de medida que se encuentren en condiciones óptimas y correcto funcionamiento ya que de ello dependerán las características finales de los productos o la toma de decisiones para efectos particulares, por ejemplo, en el campo de los ensayos o experimentación. En este capítulo se definen y clasifican los tipos de patrones y el concepto de Calibración, así como los conceptos sobre teoría de errores y su tratamiento matemático, conformando de esta manera un tratado especial sobre el campo del patronaje de instrumentos de medición.

Calibración de la instrumentación de medida

T.U.R.

Calibrar un instrumento de medida supone comparar sus mediciones con las de otro instrumento de referencia o patrón, estableciendo la validez de las indicaciones del instrumento en calibración frente al de referencia. Para que la calibración sea efectiva, es necesario que la incertidumbre del patrón sea menor que la incertidumbre del instrumento que se pretende calibrar. Si se quiere calibrar una báscula de la que se especifica una incertidumbre de ±100 g, con una pesa patrón de 1 Kg que tiene también una incertidumbre de ±100 g, podría suceder que, aunque la báscula esté dentro de especificaciones, su lectura fuera de 800 g. Esta desviación de 200 g con respecto a la lectura esperada de 1 Kg, nos haría rechazar la báscula por defectuosa. La relación entre la incertidumbre del equipo a calibrar y la incertidumbre del patrón, calculadas ambas para el mismo nivel de confianza, recibe el nombre de T.U.R. (Test Uncertainty Ratio).

$$T.U.R. = \frac{\text{Incertidumbre del equipo a calibrar}}{\text{Incertidumbre del patrón}}$$

Para garantizar una calibración certera, el T.U.R. debe ser por lo menos de 4, aunque este valor puede variar dependiendo de los requerimientos de fiabilidad. En efecto, estadísticamente se puede demostrar que con un T.U.R. de 4, la probabilidad de dar por válido un equipo que realmente está fuera de especificaciones es tan solo del 0,15%. La relación T.U.R. proporciona un buen criterio de partida a la hora de seleccionar el instrumento adecuado para una medida.

Medida materializada

Dispositivo destinado a reproducir o suministrar, en forma permanente durante su uso, uno o más valores conocidos de una magnitud dada.

Ejemplos: Medidas de capacidad, Reglas (de uno o varios valores, con o sin escala), resistencia eléctrica, capacitancia eléctrica, bloque patrón, calibre de herradura para el control de diámetro de cilindros, un material de referencia, un generador estándar de señales, una medida de volumen de uno o varios valores, con o sin una escala.

Las medidas materializadas sirven para realizar mediciones con otros instrumentos de medición o sin ellos.

Las medidas materializadas pueden ser autosuficientes o no autosuficientes. Las no autosuficientes reproducen solamente un valor de una magnitud y para efectuar con las mismas una medición, es necesario emplear instrumentos de medición.

Ejemplo: Las pesas permiten la medición de una masa solamente empleando una balanza.

Las medidas materializadas autosuficientes tienen las dos funciones simultáneamente, es decir, reproducen el valor de la magnitud y permiten efectuar la medición sin la ayuda de otros instrumentos de medición.

Ejemplos: Reglas, medidas de capacidad.

Dentro de las características más relevantes de las medidas materializadas están: En general, no poseen un índice, pero sí una escala en muchas ocasiones. En ciertos casos, éste índice puede pertenecer al instrumento que sirva conjuntamente con esa medida para realizar la medición, como es el caso del conjunto balanza-pesas, o bien puede ser formado por el mismo cuerpo medido, en el caso del menisco formado por el líquido en el cuello de una medida de capacidad de cuello graduado. La medida materializada no comprende en general ningún elemento móvil durante la medición. Una medida materializada puede reproducir un sólo valor de una magnitud (medida materializada de un valor) o bien varios valores distintos (medida materializada de varios valores distintos) o reproducir los valores de esta magnitud en un rango continuo (medidas materializadas graduadas).

Ejemplos:

-Medidas materializadas de un sólo valor: Un Bloque patrón, resistor eléctrico de valor único.

-Medidas materializadas de varios valores distintos: Calibres de herradura de dos valores correspondientes a longitudes límites de una dimensión (también llamados calibres pasa - no pasa.

-Medidas materializadas graduadas: Tubo de ensayo graduado, regla graduada, pipeta graduada.

Patrones

Se definen como medidas materializadas, instrumentos de medición, materiales de referencia, o sistemas de medición destinados a definir, Determinar, Conservar o Reproducir, una unidad o uno o más valores de una magnitud que sirva como referencia.

La unidad a que se hace referencia en el párrafo anterior es la unidad de medida de una magnitud adoptada por las normas internacionales o bien los múltiplos y submúltiplos de ella misma.

Ejemplos:

- Patrón de Masa de 1 Kg.
- Una Resistencia Patrón.
- Un Amperímetro Patrón.
- Un Patrón Atómico de Frecuencia.
- Una solución de Referencia de cortisol en el suero humano, que tenga una concentración certificada.
- Un Bloque patrón de 100 mm.

Jerarquía de los patrones

Por medio del diagrama u organigrama mostrado en la Figura 20, se puede mostrar cómo están categorizados y ubicados los patrones según su grado de exactitud y nivel de utilización.

Patrón Internacional

Patrón reconocido mediante un acuerdo internacional, utilizable como base para asignar valores a otros patrones de la magnitud que interesa.

Patrón Nacional

Patrón reconocido mediante una decisión nacional, utilizable en un país, como base para asignar valores a otros patrones de la magnitud que interesa. En general, el patrón nacional en un país constituye también el patrón primario.

Patrón Primario

Patrón que es designado o ampliamente reconocido como poseedor de las más altas cualidades metrológicas y cuyo valor se acepta sin referencia a otros patrones de la misma magnitud.

Nota: El concepto de patrón primario es igualmente válido para magnitudes básicas y para magnitudes derivadas.

El patrón primario en ningún caso se utiliza directamente para mediciones, únicamente se utiliza para ser comparado con los patrones testigos y con los patrones de referencia.

Patrón Secundario

Patrón cuyo valor está fijado por comparación directa o indirecta con un patrón primario o bien por un método patrón.

Patrón de Referencia

Patrón secundario con el cual se comparan los patrones de orden de precisión inferior.

También existe la definición suministrada por la norma ICONTEC 2194 que lo define como patrón que generalmente posee la máxima calidad metrológica disponible en un sito dado o en una organización dada, a partir del cual se derivan las mediciones hechas. Patrón que, contrastado por comparación con un patrón de referencia, se destina a verificar los instrumentos de medición comunes, de menor precisión. Además, el patrón de trabajo se utiliza para calibrar o verificar medidas materializadas, o materiales de referencia. Existe una modalidad de patrón de trabajo que es el patrón de verificación el cual se utiliza rutinariamente para asegurar que las mediciones se efectúan correctamente.

Patrón de Transferencia

Patrón que se utiliza como intermediario para comparar patrones.

Nota: Cuando el intermediario no es un patrón, se debe utilizar el término dispositivo de transferencia.

Patrón Viajero

Patrón, a veces de construcción especial, destinado a ser transportado entre lugares diferentes.

Ejemplo: Un patrón atómico de frecuencia de Cesio, portátil que funciona con batería.

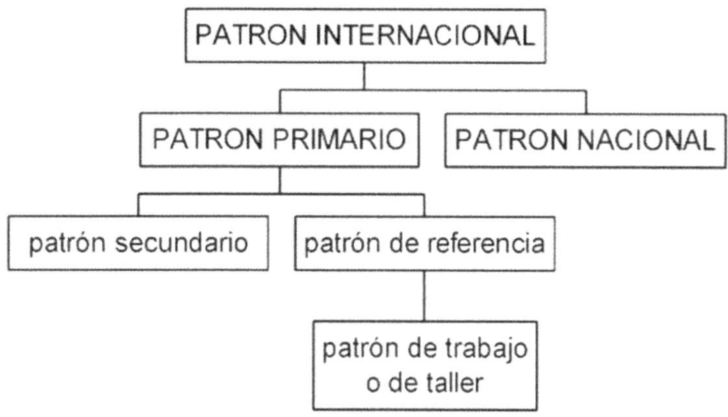

Trazabilidad

Se Define como la propiedad del resultado de una medición o del valor de un patrón, en virtud de la cual ese resultado se puede relacionar con referencias estipuladas, generalmente patrones nacionales o internacionales, a través de una cadena interrumpida de comparaciones que tengan todas incertidumbres determinadas. La manera como se efectúa la interrelación con los patrones se llama "empalme contra los patrones". Otra forma como se puede definir la Trazabilidad es que consiste en la propiedad del resultado de una medición por la cual este resultado se puede relacionar o referir a los patrones o referencias del más alto nivel y a través de éstos a las unidades fundamentales, por medio de una cadena interrumpida de comparaciones. Ejemplo: En la Figura se muestra la cadena ininterrumpida que une a un comparador y las mediciones que se pueden efectuar con él, con la definición del metro.

Trazabilidad

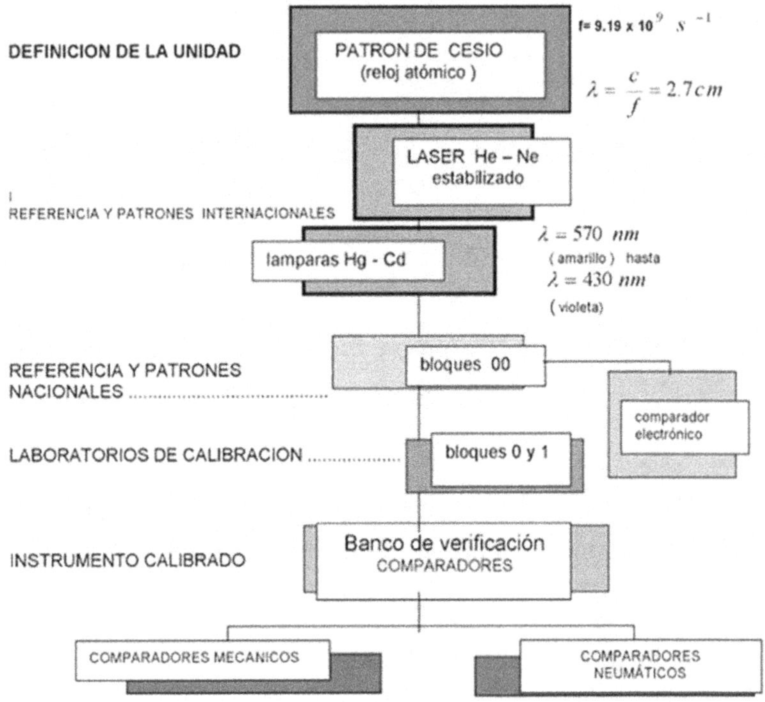

El metro es el camino recorrido por la luz en 1/299 792 458 s

Consideraciones sobre errores en las mediciones

Definición de error de Medición

Resultado de una medición menos un valor verdadero de la magnitud por medir. Es de aclarar que también que algunos autores definen el denominado error absoluto como la diferencia entre el valor verdadero (señal patrón que se introduce al sistema de medición) menos el valor que indica el sistema de medición, es decir, el valor leído. Puesto que no se puede determinar el valor verdadero, en la práctica se utiliza un valor verdadero convencional, previamente definido. Cuando se necesita distinguir entre error relativo y error absoluto, éste último no se debe confundir con el valor absoluto del error, que es el módulo del error.

Tipología General de los errores

Cuando se va a medir cualquier magnitud, se observa que, aunque se repita muchas veces se presenta alguna pequeña variación entre una lectura y otra, aunque el operador y el instrumento de medición sean los mismos. Esto no quiere decir que tampoco se observen diferencias entre una lectura y otra aun cambiando de operador o cambiando el instrumento o lugar de verificación. Las causas de esas diferencias pueden originarse en múltiples factores que se pueden agrupar en un cuadro, como el que sigue, en donde se ha tratado de elaborar una especie de tipología de errores para poder hacer más fácil el discernimiento y la conceptualización para el lector. El proceso en que actúa el instrumento que efectúa las medidas en condiciones de régimen permanente, produce el llamado error Estático. Este es el régimen que se considera cuando se calibran los aparatos de medida con aparatos patrón, se deja que las lecturas se estabilicen, es decir, que los valores sean permanentes para poder efectuar las lecturas de comparación entre el aparato de medida y el aparato patrón. En condiciones dinámicas, el error varía considerablemente, debido a que los instrumentos tienen características comunes a los sistemas físicos: absorben energía del proceso y esta transferencia requiere cierto tiempo, lo cual origina retardos en las lecturas del aparato. Siempre que las condiciones sean dinámicas, existirá en mayor o menor grado el llamado Error Dinámico (diferencia entre el valor instantáneo de la variable y el indicado por el instrumento): su valor depende del tipo del fluido del proceso, de su velocidad, del elemento detector, de los medios de protección (vaina, aislantes, etc.).

A continuación, pues la tipología de errores:

ERRORES ALEATORIOS

ERRORES INSTRUMENTALES

ERRORES POR MÉTODO DE MEDICION.

ERRORES SISTEMATICOS

ERRORES SUBJETIVOS O IMPUTABLES AL OPERADOR.

ERRORES METODICOS.

ERRORES AMBIENTALES.

ERRORES DE INSTALACION

ERRORES ACCIDENTALES

Errores Aleatorios

Son los que están determinados por el resultado de una medición menos la media que resultaría a partir de un número infinito de mediciones de la misma magnitud por medir, efectuadas en condiciones de repetibilidad. Dado que únicamente es posible efectuar un número finito de mediciones, sólo se puede determinar una estimación del error aleatorio. El error aleatorio es igual al error menos el error sistemático. Sin embargo, cabe aclarar que este tipo de error varía casualmente al medir repetidas veces una misma magnitud. Estos errores son provocados por factores que no se pueden determinar en el proceso de medición y sobre los cuales es imposible ejercer influencia. Si al repetir las mediciones se obtienen valores numéricos iguales, eso no significa que se carece de errores aleatorios, sino que son insuficientes tanto la apreciación como la sensibilidad de los aparatos de medida. Los errores aleatorios son inconstantes tanto en valor como en signo. No pueden determinarse por separado y provocan la inexactitud del resultado de medición. No obstante, mediante la teoría de la probabilidad y de los métodos estadísticos, esos errores pueden ser determinados y caracterizados cuantitativamente en su conjunto, de un modo tanto más seguro cuanto mayor sea el número de observaciones o mediciones realzadas en condiciones de repetibilidad.

Errores Sistemáticos
Media que resultaría de un número infinito de mediciones de la misma magnitud por medir efectuadas en

condiciones de repetibilidad menos un valor verdadero de la magnitud por medir. Este tipo de error permanece constante o varía de una manera regular al medir repetidas veces una misma magnitud. Si los errores sistemáticos son conocidos, es decir, si tienen valores y signos determinados, estos pueden corregirse. Llámase corrección el valor de una magnitud (homónima a la que se mide) el cual se añade al valor obtenido durante la medición con el fin de eliminar el error sistemático. Cabe señalar que la corrección que se introduce en las indicaciones de un aparato de medición se denomina corrección de la indicación del aparato. En otras palabras, más sencillas la corrección es el valor agregado algebraicamente al resultado no corregido de una medición para compensar un error sistemático. De otra parte, el factor de corrección es un número por el cual se multiplica el resultado no corregido de una medición, para compensar un error sistemático.

Nota: Puesto que no se puede conocer perfectamente el error sistemático, la compensación no puede ser completa.

-Errores Instrumentales. Los aparatos de medición proceden de procesos de fabricación en donde se han efectuado sobre cada uno de sus componentes materiales, procesos de fabricación, ensambles con sus tolerancias, tratamientos térmicos, reacciones químicas, etc. originando que con el uso y el tiempo se presenten desajustes en los mismos, desgastes, deformaciones, degradación de las características de cada uno de sus componentes y demás efectos que hacen que se cometan, los denominados errores instrumentales o errores debidos al aparato de medida. Complementariamente a lo anterior, también existen otras causas de tales errores, como las que se comentan a continuación.

-Errores por presión de contacto. En muchas mediciones en que el aparato de medida (por mediación de su palpador) está en contacto con la pieza, se presenta una deformación por aplastamiento de la misma causada por efecto de fuerzas de comprensión originando como consecuencia contracción en el aparato de medida. Esta deformación se origina por la denominada presión de contacto.

Presión de Contacto

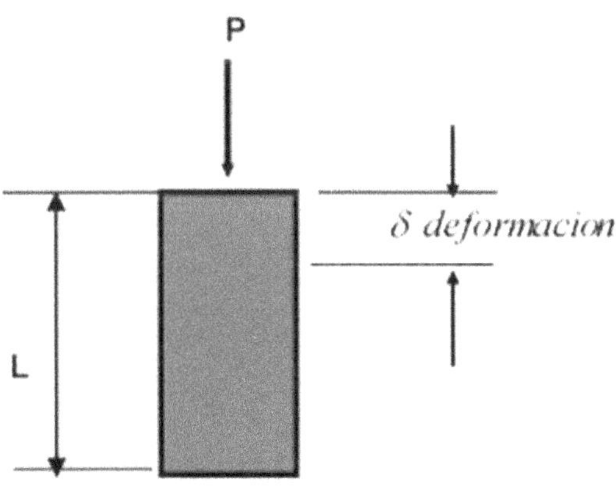

Según el tipo de aparato de medida, la presión de contacto puede variar entre 50 y 700 g.

Ejemplos: Los comparadores de amplificación mecánica, desarrollan una fuerza de presión de 25 a 100 g. Los micrómetros desarrollan una fuerza de contacto de 0.5 a 1 Kg.

La fuerza de presión para una aguja de un medidor de rugosidad es en promedio de aproximadamente 1.0 mN.

El modelo matemático del aplastamiento 5 sufrido por una pieza que está sometida a una presión de contacto como la mostrada en la figura, se puede formular según la ciencia de la Resistencia de Materiales, como sigue:

$$\delta = \frac{PL}{SE}$$

Donde:

P: Es la Presión de contacto

L: Longitud de la Pieza

S: Sección Transversal de la pieza a medir.

E: Módulo de elasticidad del material a medir.

Por ejemplo, para el Acero el módulo de Elasticidad es de 21000 Kg / m².

Por otra parte, además de la deformación por aplastamiento anteriormente descrita, las piezas a medir pueden sufrir una deformación del tipo local producida por la forma del palpador o sensor que deja una huella del tipo identación que es más profunda que la del aplastamiento. El cálculo de esta deformación es empírico debido a que entran en juego los materiales del palpador y de la pieza, los diámetros de la superficie de contacto del mismo, la forma, etc. en la Figura siguiente se muestran varas curvas que relacionan la presión de contacto con la deformación local δ.

Presión de Contacto y Deformación local

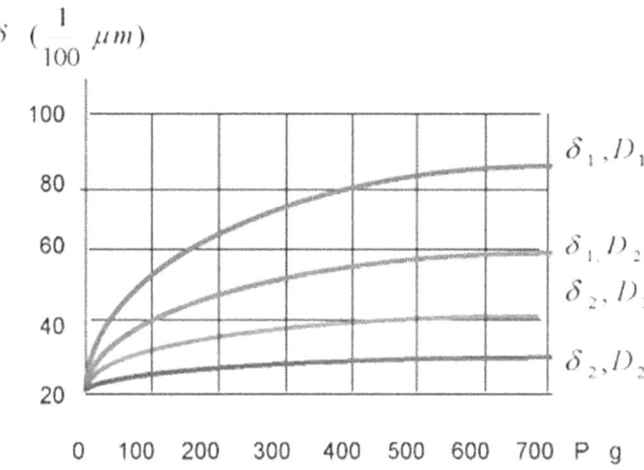

Donde: δ 1 y δ 2 son las profundidades de indentación para los materiales cuarzo y acero con diámetros de palpadores de D1= 1,5 mm y D2 = 5 mm respectivamente.

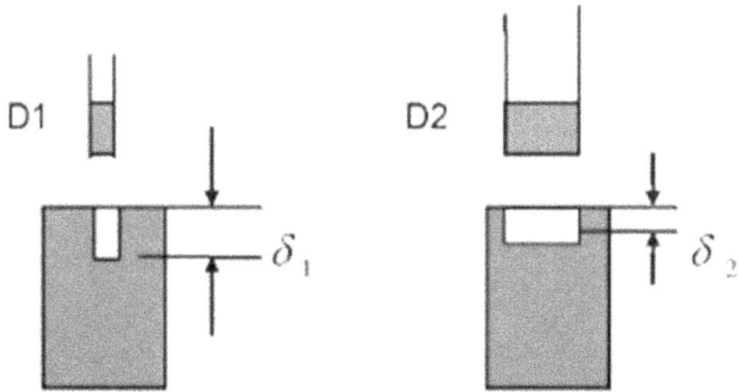

-Defectos de fabricación del Aparato. Los aparatos de medida han sido fabricados con tolerancias que son errores admisibles, pero, a más de ellos se cuentan defectos en ensambles, corrimientos de ejes o imperfecciones del tipo geométrico (errores de forma y posición), es decir todo tipo de desviación que hace que el mismo no sea exacto y preciso al efectuar mediciones. Sin embargo, los fabricantes de instrumentos consideran que los errores producidos al medir con aparato en perfecto estado, no deberán ser superiores a la décima parte de una graduación de su escala, por ejemplo, si una graduación de una escala en un termómetro representa 0,5°C, el error máximo permisible es de 0,05°C.

-Errores por el uso de los aparatos. Debido a su constante aplicación, los aparatos de medida se desgastan, lo que hace necesario su verificación periódica para efecto de comprobar si está dentro de sus límites de error admisibles. Cuando un aparato, por efectos del desgaste, está fuera de los límites de error admisibles, muchas veces se les considera inútiles como es el caso de los Calibres Pasa - No Pasa que posee un límite de desgaste a partir del cual se deben desechar.

-Error de Multiplicación o de sensibilidad (κ) Es aquel en que todas las lecturas de un aparato de medida aumentan o disminuyen progresivamente con relación a una recta representativa de calibración ideal. La desviación progresiva puede ser positiva o negativa.

-La recta representativa de calibración ideal, significa que, si el valor de una variable real o de entrada es X, por ejemplo, el aparato de medida debe suministrar una lectura o valor de salida de X, correspondientemente. Una recta de calibración llamada recta de calibración estática tiene la forma:

$$y_L = a_o + a_1 x$$

donde y_L es la recta ajustada o de mínimos cuadrados y :

x es la entrada

y es el valor medido

a_0 y a_1 son el cruce de la recta de calibración con el eje - y - y la pendiente de la recta de calibración respectivamente, obtenidos por medio del método de mínimos cuadrados partiendo de datos de entrada (valor de la señal del patrón x) y los datos de respuesta o lectura del instrumento (valor de la señal de salida y).

Error de Multiplicación

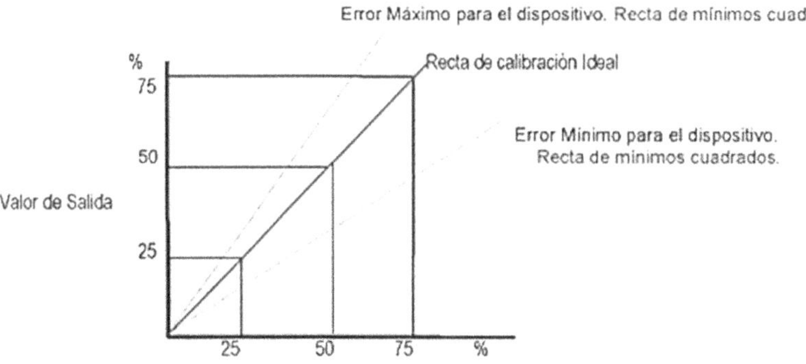

El error de sensibilidad (κ), es una medida estadística del error de precisión en la estimación de la pendiente de la recta de calibración o curva de calibración. Nota: Existe un error denominado de sensibilidad térmica que es el error de sensibilidad que a veces depende de la temperatura y se determina para diferentes temperaturas cuando no se puede mantener una temperatura constante.

-Error de Angularidad. Es aquel en donde la curva real de calibración coincide con la curva ideal en los puntos 0 y 100%, apartándose de la misma en los restantes. Generalmente el máximo de la desviación suele estar en la mitad de la escala.

Error de Angularidad

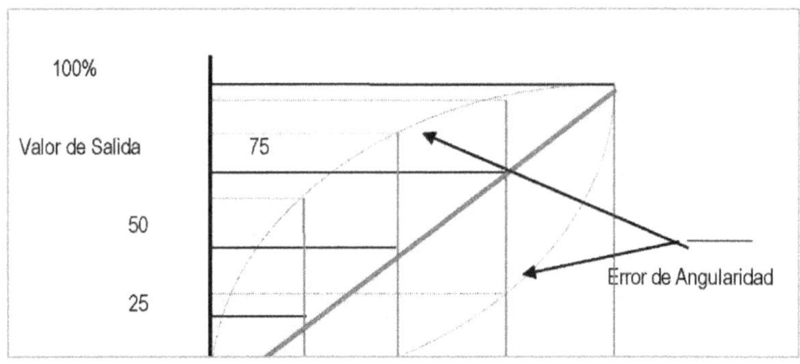

-Error de Cero (z) Es el corrimiento que sufre la curva de calibración al interceptarse con uno de los ejes (X o Y). Son debidos a la incorrecta posición de agujas o índices dentro de los aparatos de medida, en la marca inicial de la escala. Se corrige accionando el tornillo de cero o botón de cero que viene con los aparatos de medida análoga o digitales. Al ocurrir el error de cero, todas las lecturas están desplazadas un mismo valor con relación a la recta representativa del instrumento o recta de calibración ideal. En la Figura se observa este tipo de error.

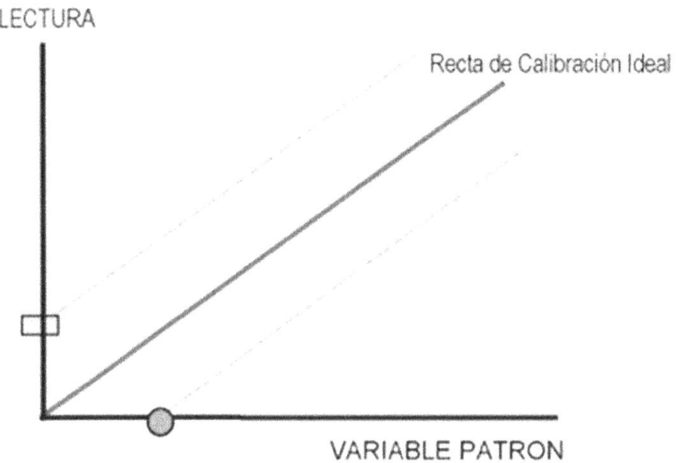

-Error de precisión. Es una medida de la variación aleatoria determinada durante mediciones repetidas. Un sistema que de manera repetida indica el mismo valor erróneo con la aplicación repetida de una entrada particular, se considerará muy preciso sin importar que tan exacto sea.

-Error de sesgo. Es el error promedio en una serie de mediciones de calibración repetida. Se calcula promediando el error de indicación en un número adecuado de mediciones repetidas. Este error de indicación se calcula como la indicación de un instrumento de medición menos un valor verdadero de la magnitud de entrada correspondiente que se puede obtener a través del valor de un patrón de referencia. Está relacionado con la exactitud de un instrumento de medición.

-Error de Linealidad (L) La mayoría de los instrumentos poseen un comportamiento lineal entre la entrada estática aplicada y el valor o lectura de salida indicada.

-Error de Histéresis (h). A partir de la definición de Histéresis, se puede resumir que es la diferencia de los valores de salida o respuesta del instrumento de medición en orden ascendente (Y ascenso) y valores de salida o respuesta del sistema de medición en orden descendente (Y descenso)

$$e_h = y_{ascenso} - y_{descenso}$$

-Error de Repetibilidad (R). Se define el error de repetibilidad en función de una medición estadística denominada desviación normal o estándar y el margen de salida o intervalo de operación a máxima escala FSO (full scale operating range) del instrumento de medición, así:

$$\% \left(e_R \right)_{máx} = \frac{2(\sigma_n)}{r_o} \, x \, 100$$

Donde $r_o = y_{máx} - y_{min}$ es el intervalo de operación de salida del aparato de medida o, es decir, su rango.

-Errores Subjetivos. También denominados errores imputables al operador, son aquellos producidos por el operador y debidos a agudeza visual, al tacto, a la sensibilidad, a las acciones sicomotoras comandadas por el cerebro o al cansancio del individuo. Aquí se pueden contar Errores de paralaje, errores de posición incorrecta, o errores de interpolación.

-Errores de Paralaje. Debido a que, en muchos aparatos de medida, la aguja y la carátula no están en el mismo plano, el operador tiende a localizarse en una posición aproximadamente perpendicular a la escala o graduación, pero no lo puede conseguir, produciéndose un ángulo de visual que proyectado por intermedio del índice sobre la carátula produce un desfase con respecto a la graduación que realmente se debe leer.

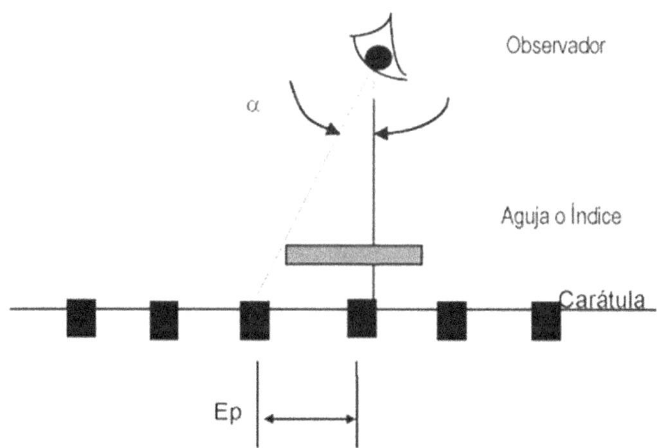

Como se puede apreciar este tipo de error es inevitable si la Escala es del tipo graduaciones. Lo contrario, si la escala es digital.

-Error de posición Incorrecta. Es el producido por la mala colocación del contacto o sensor de medición o caras o bocas de medición, con respecto a la parte del objeto en donde se produce la operación de medida. Por ejemplo, se origina este tipo de error al no colocar el contacto de medición en posición del eje de simetría de la pieza como es el caso de los comparadores de la carátula.

Posición Incorrecta

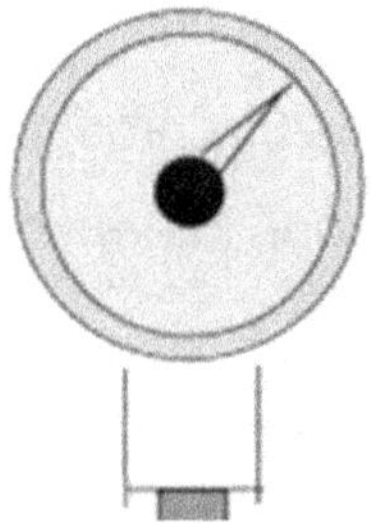

-Error con los contactos de medida. Algunos aparatos de medida poseen contactos planos, o esféricos lo cual exige por parte del usuario su correcta localización en superficies planas, o curvas, efectuando un asiento adecuado para cada caso, para que no suceda lo que se presenta en la Figura siguiente.

Error con los Contactos de medida.

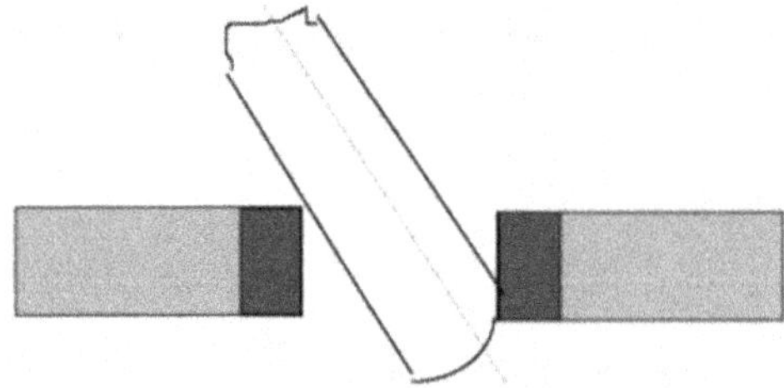

Por último, en la figura siguiente. Se puede mostrar un error muy común de posición incorrecta al medir, por ejemplo, una dimensión interior.

Posición Incorrecta de un Calibrador Pie de Rey

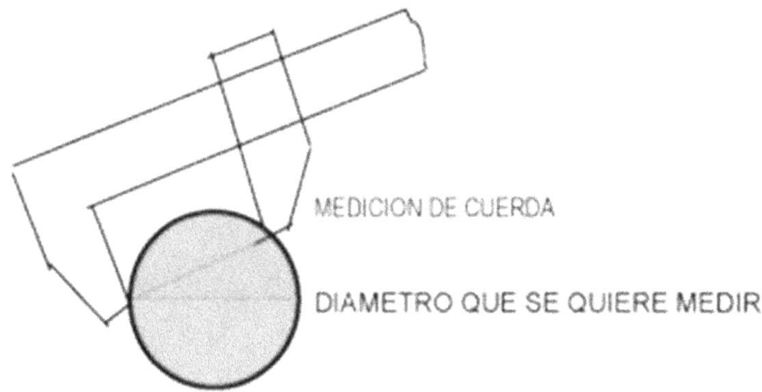

-Error de interpolación. Aquel que se comete cuando se efectúan cálculos con el objeto de determinar el valor de una cantidad y utilizando para ello dos o más valores conocidos de la misma mediante la utilización de una regla de tres. Este se presenta al determinar el valor de una magnitud que puede variar en forma No Lineal, para lo cual la regla de tres es improcedente.

-Errores Metódicos. Son los que se determinan a partir de las condiciones o la metodología de medición de una magnitud, por ejemplo, la temperatura del objeto a ser medido, la presión del mismo, etc., es decir, este tipo de error no depende de la exactitud de los aparatos de medida. De otra parte, también los errores metódicos están presentes o surgen, por ejemplo, debido a la presión excesiva de la columna de líquido en la línea de conexión, si el aparato medidor de la presión se instala más arriba o más abajo del lugar donde se manifiesta dicha presión, o, al medir, por ejemplo, la temperatura con un termómetro del tipo: termopar, de resistencia RTD's o termistor juntamente con un aparato de medida, debido a las condiciones del intercambio térmico con el medio ambiente.

-Errores Ambientales. Estos son los imputables al ambiente del lugar donde se efectúan las mediciones. *Dicho ambiente está conformado esencialmente por:*

- Las variaciones de temperatura.
- Calor debido a la Iluminación artificial.
- Radiaciones del sol.
- Radiaciones producidas por estufas, hornos, etc.
- Humedad relativa dentro del laboratorio.
- Calidad del aire de la sala de medición.
- Algunas otras que se pueden haber escapado de la lista anterior.

-La Temperatura de Referencia del lugar donde se efectúan las mediciones está internacionalmente normalizada por ISO en 20°C.

-Errores Producidos por dilataciones Térmicas. Debido a que los cuerpos se dilatan o se contraen por efecto de variaciones de la temperatura, su dimensión se ve afectada en virtud a: la cantidad de aumento o disminución de temperatura, a su dimensión inicial y al material del cual está constituido y que viene representado por el denominado coeficiente de dilatación lineal representado por el símbolo α. En la Figura siguiente se representa una barra de longitud inicial Lo a una temperatura To. Si se calienta hasta una temperatura T, se produce un aumento en su longitud hasta una dimensión final, L, originando un incremento dimensional Δ L.

Dilatación Térmica

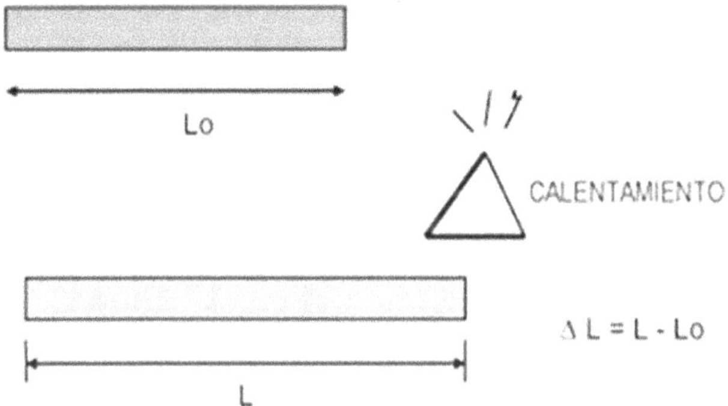

La ecuación que rige la dilatación lineal de los cuerpos, viene dada por la expresión:

$$L = L_o \left[1 + \alpha \left(T - T_o \right) \right]$$

La medida de una longitud hallada a una temperatura distinta de la referencia (20 grados centígrados), debe corregirse para conocer la medida de un cuerpo a esta temperatura. La corrección se realiza aplicando los conceptos anteriores, mediante la ecuación:

$$L_T = L_{20}\,[\,1 + \alpha\,(T - 20)\,]$$

Donde:

Lr = La longitud de la pieza a la temperatura del recinto de medición, T.

L20 = La longitud de la pieza a la temperatura de referencia.

α = Coeficiente de dilatación lineal del material de la pieza.

En la tabla se muestran los coeficientes de dilatación lineal para distintos materiales.

Coeficiente de Dilatación Lineal

SUSTANCIA	COEFICIENTE DE DILATACIÓN LINEAL x 10^{-6}
ACERO	12
ALUMINIO	24
BRONCE	17
CARBURO DE TUNGSTENO	5.5
CINC	26
COBRE	14
LATÓN	20
VIDRIO	4A9
INVAR	1.3
MAGNESIO	24

Errores Accidentales

Son producidos por variaciones indeterminadas en las condiciones experimentales que provocan alteraciones en los resultados. En contraste con los sistemáticos, la reiteración del proceso de medición permite poner de manifiesto su existencia (precisamente por la discordancia de los resultados). Los que no es posible, es encontrar una corrección aplicable a cada medida, por eso se les considera errores incontrolables.

Ejemplos: Vibración imprevista durante el proceso de medición, una oscilación brusca de temperatura, distracción momentánea del observador, etc.

Error Absoluto

Se define como la diferencia entre el valor exacto de una magnitud (generalmente desconocido) y su valor aproximado o medido.

$$e = V\text{-}A$$

Donde:

e = Error Absoluto

V = Valor Exacto

A = Valor aproximado.

Debido a que el signo del error es desconocido, es conveniente determinar un error E, igual al valor absoluto de la diferencia. Es decir:

$$E = |V - A| \qquad ó \qquad V = A \pm E$$

Cuando el error absoluto es negativo, se dice que el error es por defecto.

Si el error absoluto es positivo, se dice que el error es por exceso.

Observación: El error absoluto máximo de un instrumento nunca es mayor que una división de la escala del instrumento. Por ejemplo, en un manómetro cuyas divisiones valgan:

$$05.\ \frac{N}{m^2},$$

error absoluto máximo es de:

$$\pm\,0.5\ \frac{N}{m^2}$$

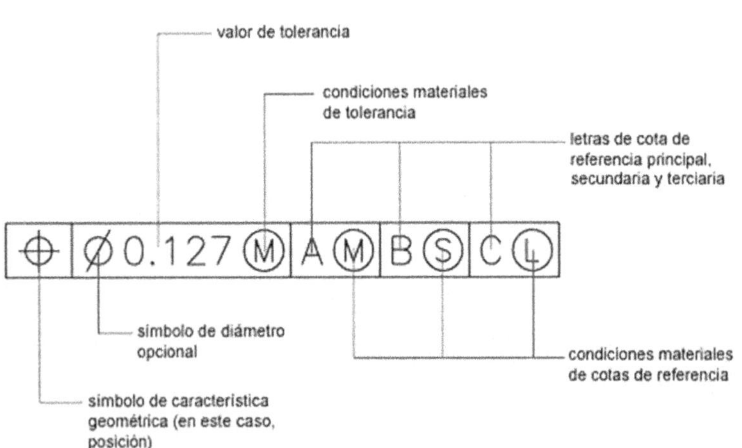

Rectángulo de tolerancias

Sistemas de medición en ISO 9000 y MSA

¿Para qué queremos los datos de medición?

Los Datos de medición se usan para:

- Aceptar / rechazar producto.
- Ajustar o no procesos.
- Calcular estadísticos para verificar el estado de control del proceso.
- Promedio, desviación estándar, rango, etc.
- Determinar si hay una relación significativa entre dos variables.
- Mejorar procesos.

Calidad de los Datos de Medición

- Los datos deben tener cierta calidad.
- Propiedades estadísticas de los datos.
- La variación excesiva de los datos los hace de mala calidad.

¿Por qué la Calibración no basta?

- Se hace sobre los instrumentos de medición en condiciones muy controladas.
- No representan las condiciones que hay en las mediciones de producto/proceso.
- Calibración.

- Patrones, estándares o constantes físicas.

Medición

- Partes, procesos con características que pueden variar ampliamente.
- Partes deformables.
- Lugares inaccesibles.
- Interacción del ambiente.
- Personal sin entrenamiento en metrología.
- Etc.

ISO 9000 y MSA

- Control de los dispositivos de seguimiento y de medición.
- La organización debe establecer procesos para asegurarse de que el seguimiento y medición pueden realizarse y se realizan de una manera coherente con los requisitos de seguimiento y medición.

Cuando sea necesario asegurarse de la validez de los resultados, el equipo de medición debe:

- Calibrarse o verificarse a intervalos especificados o antes de su utilización, comparado con patrones de medición trazables a patrones de medición nacionales o internacionales; cuando no existan tales patrones debe registrarse la base utilizada para la calibración o la verificación.

ISO/TS 16949 y MSA

Análisis de Sistemas de Medición

Se deben conducir estudios estadísticos para analizar la variación presente en los resultados de cada tipo de sistema de equipo de medición y prueba. Este requisito debe aplicar a los sistemas de medición referidos en el plan de control. Los métodos analíticos y los criterios de aceptación usados deben estar conforme a los manuales de referencia del cliente sobre análisis de sistemas de medición. Otros métodos analíticos y criterios de aceptación pueden usarse si son aprobados por el cliente.

Resolución efectiva

La sensibilidad de un sistema de medición a una variación del proceso para una aplicación particular.

Insumo más pequeño que resulta en una producción utilizable señal de medición.

Reportado siempre como una unidad de medida.

Valor de referencia

- Valor aceptado de un artefacto.
- Requiere una definición operacional.
- Utilizado como el sustituto para el valor verdadero.

Valor verdadero

- Valor actual de un artefacto.
- Desconocido e incognoscible.

Variación de localización

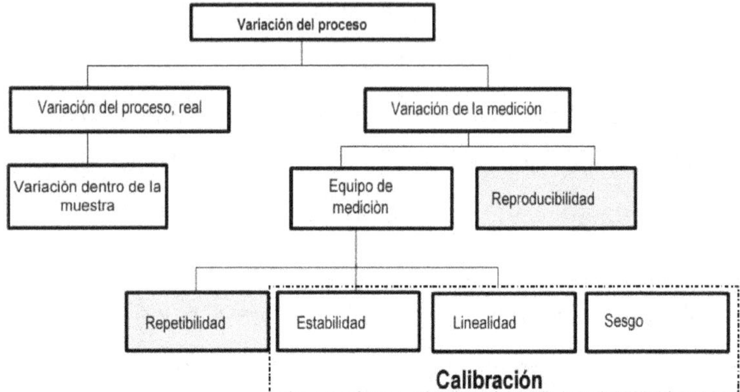

Exactitud

- "Cercanía" al valor verdadero, o un valor de referencia aceptado.
- ASTM incluye el efecto de posición y amplitud de error.

Sesgo

- Diferencia entre el promedio de mediciones observadas y el valor de referencia.
- Un componente de error sistemático del sistema de medición.

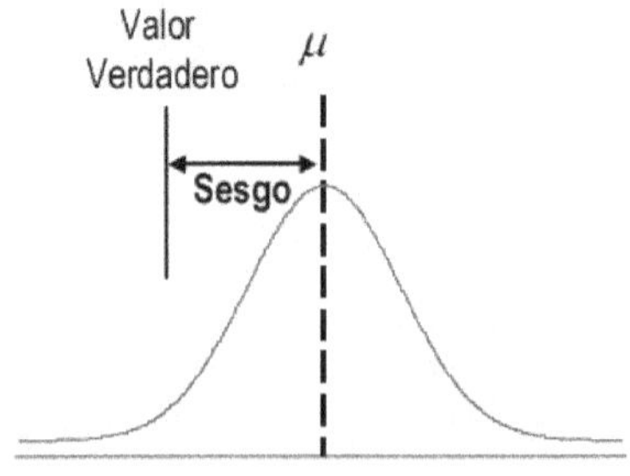

Estabilidad

- El cambio en sesgo en el tiempo
- Un proceso de medición estable está en control estadístico con respecto a la localización
- Alias: desplazamiento

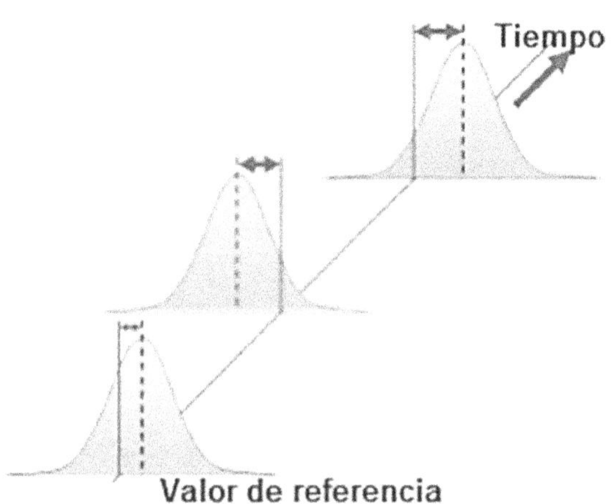

Linealidad

- El cambio en sesgo sobre el rango de operación normal
- La correlación de errores de sesgos múltiples e independientes sobre el rango de operación.
- Componente de error sistemático del sistema de medición

Amplitud de variación

Precisión

- Cercanía a lecturas repetidas unas a otras.

- Componente de error aleatorio del sistema de medición.

Repetibilidad

- Variación en mediciones obtenidas con un instrumento de

- medición cuando es utilizado varias veces por un evaluador mientras se mide la característica idéntica en la misma parte.

- La variación en pruebas sucesivas (corto plazo) bajo condiciones de medición fijas y definidas.

- Referido comúnmente como variación en equipo.

- Capacidad o potencial de instrumento (calibre).

- Variación dentro del sistema.

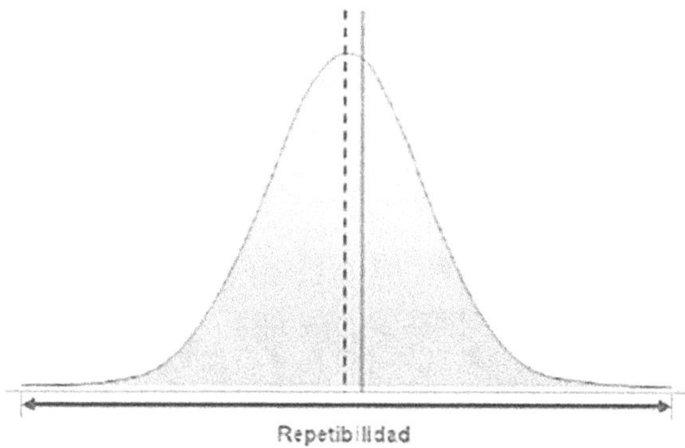

Reproducibilidad

Variación en el promedio de las mediciones hechas por diferentes evaluadores utilizando el mismo calibre en la medición de la característica de una parte.

Para la calificación de un producto y proceso, el error puede ser el evaluador, ambiente (tiempo), o método.

Comúnmente referido a variación por evaluador.

Variación entre el sistema (condiciones).

ASTM E456-96 incluye la repetibilidad, laboratorio, y efectos del medio tanto como efectos del evaluador.

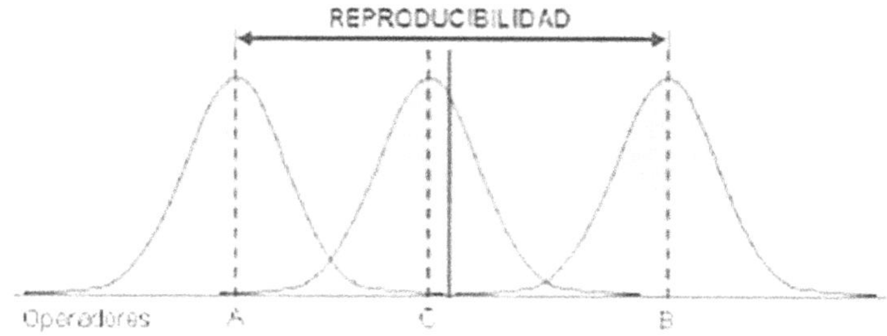

GRR o R&R de Gage o calibre

Repetibilidad y reproducibilidad de calibre: el estimado combinado de la repetibilidad y reproducibilidad del sistema de medición.

Capacidad del sistema de medición; dependiendo del método utilizado, puede o no incluir los efectos del tiempo.

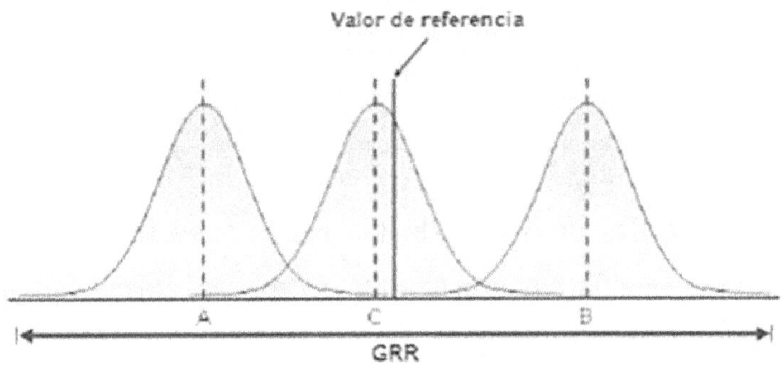

Error de R&R del Gage

Capacidad del sistema de medición

Estimado a corto plazo de la variación del sistema de medición (ej. "GRR" incluyendo gráficas).

Desempeño del sistema de medición

Estimado a largo plazo de la variación del sistema de medición (ej. Método de gráficas de control a largo plazo).

Sensibilidad

Entrada más pequeña que resulta en una señal detectable de salida.

Respuesta del sistema de medición a cambios en características medidas.

Determinada por el diseño (discriminación) de calibre, calidad inherente (OEM), mantenimiento en servicio, y condición de operación del instrumento y estándar.

Siempre reportada como unidad de medida.

Consistencia

Grado de cambio de repetibilidad con el tiempo.

Un proceso de medición consistente es en control estadístico con respecto a la amplitud (variabilidad).

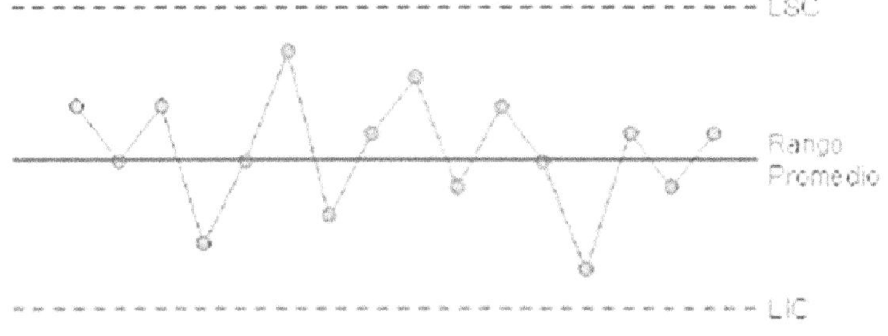

Consistencia

Uniformidad

El cambio en repetibilidad sobre el rango normal de operación.

Homogeneidad de repetibilidad.

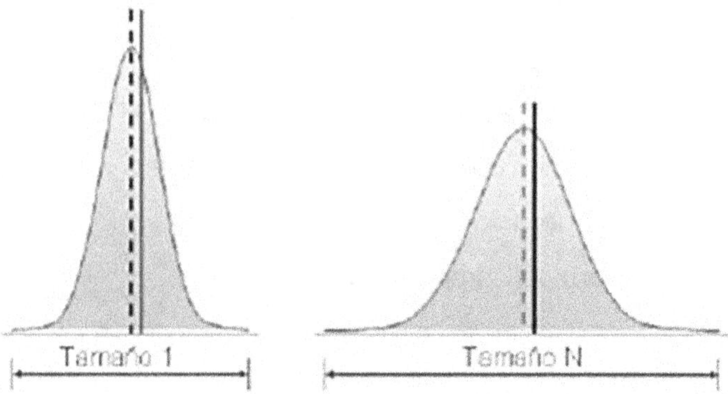

Variación del sistema

La variación del sistema de medición es caracterizada como:

Capacidad

Variabilidad en lecturas tomadas sobre un periodo de tiempo corto.

Desempeño

Variabilidad en lecturas tomadas sobre un periodo de tiempo largo basado en la variación total.

Incertidumbre

Un rango estimado de valores alrededor del valor medido en el cual se presume que se encuentre el valor verdadero. Todas las caracterizaciones del sistema de medición asumen que el sistema es estable y consistente.

Proceso de medición

Para administrar efectivamente la variación de cualquier proceso, es necesario tener conocimiento de:

- Qué debería estar haciendo el proceso.
- Qué puede estar mal.
- Qué está haciendo el proceso.

Las especificaciones y requerimientos de ingeniería definen lo que debería estar haciendo el proceso.

La inspección, es el acto de examinar los parámetros del proceso, partes en proceso, subsistemas ensamblados y productos completos terminados con la ayuda de estándares y dispositivos de medición que ayudan al observador a confirmar o negar la premisa de que el proceso está operando de una manera estable con variación aceptable del cliente designado.

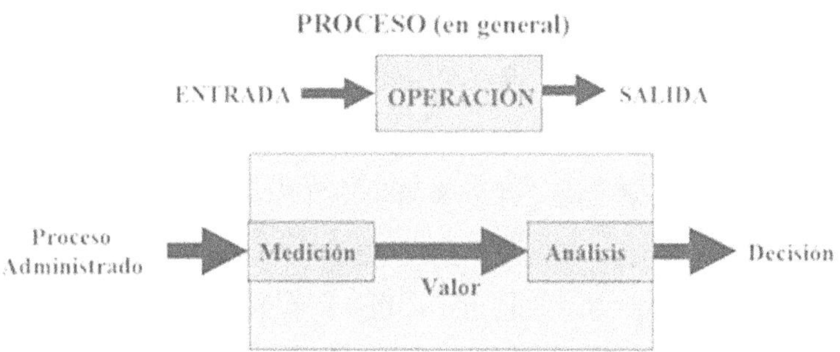

La industria ha visualizado tradicionalmente la medición y la actividad de análisis como una "caja negra". El equipo era el principal enfoque, la característica más importante, la más cara el calibre. La utilidad del instrumento, su compatibilidad con el proceso y ambiente, fueron raramente cuestionados.

La medición y la actividad de análisis es un proceso – un proceso de medición. Pueden ser aplicadas a este, cualquiera de las técnicas de control de proceso, administración, estadísticas y lógicas. Esto significa que primero deben ser identificados los clientes y sus necesidades. El cliente, dueño del proceso quiere tomar la decisión correcta con el mínimo de esfuerzo.

El equipo es sólo una parte del proceso de medición. El dueño del proceso debe saber cómo utilizar correctamente este equipo y como analizar e interpretar los resultados. El dueño del proceso tiene la obligación de monitorear y controlar el proceso de medición para asegurar los resultados correctos y estables.

Propiedades estadísticas de los sistemas de medición

Un sistema ideal de medición debería producir sólo mediciones "correctas" cada vez que fuera utilizado. Cada medición debería estar de acuerdo al estándar. La calidad de un sistema de medición está usualmente determinada rara vez por las propiedades estadísticas de los datos lo que produce tiempo extra. Son las propiedades estadísticas de los datos producidos que determinan la calidad del sistema de medición. Las propiedades estadísticas que pueden ser más importantes para un uso, pueden no ser importantes para otro uso. Una máquina de medición por coordenadas (CMM) tienen como propiedades estadísticas sesgos y varianzas "pequeños". Con esas propiedades generaría mediciones que se encuentran "cerca" a los valores certificados de estándares que son trazables. Los datos obtenidos de esa máquina pueden ser muy útiles para analizar un proceso de manufactura. No importa que tan pequeña sea la desviación y variación del CMM, el sistema de medición que utiliza la CMM tal vez no realice un trabajo aceptable de discriminación entre un producto bueno y malo debido a las fuentes adicionales de variación introducidas por el sistema de medición. La administración tiene la responsabilidad de identificar las propiedades estadísticas que son más importantes para el uso último de los datos. Para esto se requieren las definiciones operacionales de las propiedades estadísticas, así como los métodos de medición aceptables para medirlas. Existen ciertas propiedades fundamentales que definen un "buen" sistema de medición. Esto incluye: Discriminación y sensibilidad adecuada. Los incrementos de medida deberían ser pequeños en relación a la variación del proceso o límites de especificación para el propósito de medición. La regla de 10 a 1, establece que la discriminación del instrumento deberá dividir la tolerancia (variación del proceso) en diez partes o más. El sistema de medición debería estar en control estadístico, la variación en el sistema de medición se deba a causas comunes y no debido a causas especiales. Esto puede conocerse como estabilidad estadística y se evalúa mejor por métodos gráficos. Para control de producto, la variabilidad del sistema de medición debe ser pequeño comparado a los límites de las especificaciones. Para el control del proceso, la variabilidad del sistema de medición trata en algo de demostrar una resolución efectiva y de ser pequeña comparada a la variación del proceso de manufactura.

Fuentes de variación

Estas fuentes de variación son debido a causas comunes y especiales. En orden a controlar la variación del sistema de medición:

- Identificar las fuentes potenciales de variación.
- Eliminar (cuando sea posible) o monitorear estas fuentes de variación.
- Las causas específicas dependerán de la situación.

Existen varios métodos de presentación y categorización de estas fuentes de variación tales como los diagramas de causa y efecto, diagramas de árbol, pero los lineamientos presentados aquí se enfocarán en los principales elementos del sistema de medición. Las siglas S.W.I.P.E. son utilizadas para representar los seis elementos esenciales de un sistema de medición generalizado para asegurar la obtención de los objetivos requeridos. Las siglas significan S: estándar, W: parte o pieza de trabajo, I:

instrumento, P: persona y procedimiento y E: medio ambiente.

Los efectos de variabilidad del sistema de medición

El efecto de varias fuentes de variación en el sistema de medición debería ser evaluadas sobre un periodo de tiempo corto y uno largo. La capacidad del sistema de medición es el error (al azar) del sistema de medición sobre un periodo de tiempo corto. Es la combinación de los errores de linealidad, repetibilidad y reproducibilidad. El desempeño del sistema de medición, como con el desempeño de un proceso, es el efecto de todas las fuentes de variación sobre el tiempo. Esto es realizado mediante la determinación si el proceso está en control estadístico, en el objetivo o media de las especificaciones (sin sesgo), y tiene una variación aceptable de GRR sobre el rango de los resultados esperados.

Efectos en las decisiones

Después de medir una parte, una de las acciones que pueden ser tomadas es determinar el estatus de esa parte. Históricamente, esto podría ser determinado si la parte fuera aceptable o "buena" (dentro de especificaciones) o inaceptable "mala" (fuera de especificaciones).

Bajo la filosofía de control del producto la razón principal de medir la parte es si pasa o no pasa. Con la filosofía de control del proceso el interés se enfoca en si la variación de la parte se debe a causas comunes o a causas especiales en el proceso.

Filosofía	Interés
Control del producto	¿Está la parte en una categoría específica?
Control del proceso	¿Es aceptable y estable la variación del proceso?

Filosofía del control e impulsor del interés

Efectos de las decisiones sobre el producto

Para entender mejor el efecto del error en el sistema de medición sobre las decisiones del producto, considere el caso donde toda la variabilidad en lecturas múltiples de una parte se debe a la repetibilidad de calibre y reproducibilidad. Esto es, el proceso de medición se encuentra en control estadístico y tiene cero de sesgo.

En ocasiones se toma una mala decisión cuando una parte de la distribución de la medición sobrepasa un límite. Por ejemplo, una parte "buena" algunas veces puede decirse que es "mala" (riesgo del fabricante o falsa alarma),

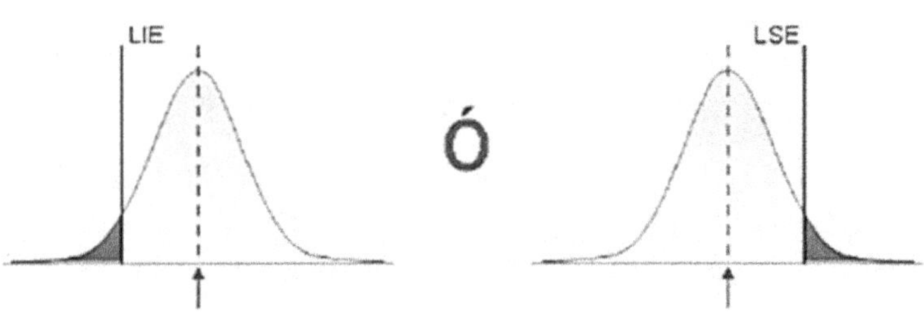

y una parte mala algunas veces será llamada "buena" (riesgo del consumidor o índice de error).

Nota: Índice de falsa alarma + Índice de error = Tasa de error

Esto es, con respecto a los límites de la especificación, el potencial para tomar la decisión errónea sobre la parte existe sólo cuando el error del sistema de medición intercepta el límite de la especificación.

Donde:

    I - Partes malas siempre serán llamadas malas.

    II - Toma de una decisión errónea Potencial.

    III - Partes buenas siempre serán llamadas buenas.

Siendo que el objetivo es maximizar las decisiones CORRECTAS respecto al estatus de los productos, se tienen dos opciones:

- Mejorar el proceso de producción: reducir la variabilidad del proceso para no producir partes en el área II.

- Mejorar el sistema de medición: reducir el error del sistema de medición para reducir el tamaño del área II para que todas las partes que sean producidas caigan dentro del área III y así minimizar el riesgo de tomar malas decisiones.

Efectos de las decisiones sobre el proceso

Con el control del proceso, se necesita tener establecido lo siguiente:

- Control estadístico.
- En el objetivo.
- Variabilidad aceptable.

El impacto de la medición del error sobre el proceso de decisiones puede ser:

- Llamar a una causa común una causa especial.
- Llamar a una causa especial una causa común.

Aprobación de un proceso nuevo

La situación más común que involucra el uso de diferentes instrumentos es el caso donde el instrumento utilizado por el proveedor tiene un orden de discriminación mayor que el instrumento de producción (calibre).

En el caso donde el (mayor orden) sistema de medición utilizado al haber comprado tiene un GRR de 10% y el Cp del proceso actual es 2.0, el Cp observado del proceso durante la compra será de 1.96 asumiendo que no existe variación en el muestreo.

Cuando este proceso es estudiado en producción con el calibre de producción, se observará más variación (ej. Un Cp menor). Por ejemplo, si el GRR del calibre de producción es 30% y el Cp del proceso actual es 2.0 entonces el Cp del proceso observado será de 1.71.

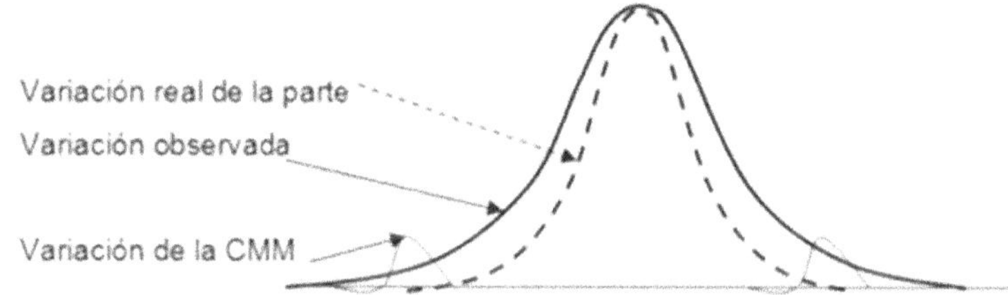

El peor escenario sería si el calibre de la producción no ha sido calificado, pero es utilizado. Si el GRR del sistema de medición es actualmente 60% (pero ese hecho no es conocido) entonces el Cp observado sería 1.28. La diferencia en el Cp observado de 1.96 contra 1.28 se debe al sistema de medición diferente.

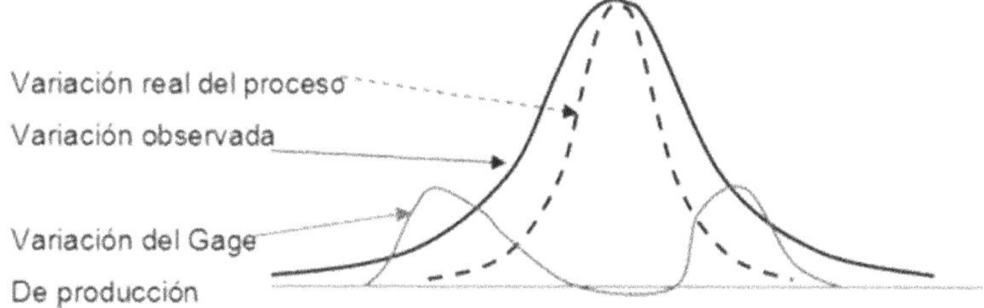

Ciclo de vida de la Medición

El concepto del ciclo de vida de la medición explica la creencia de que los métodos de medición pueden cambiar con el tiempo cuando uno aprende y mejora el proceso. Esto conduce a un entendimiento de las características críticas del control del proceso que afectan directamente las partes del proceso. La dependencia en la información de las características de la parte es menor y el plan de muestreo puede ser reducido de acuerdo a esta comprensión. Eventualmente, será encontrado que se requiere muy poco monitoreo de las partes siempre que se controle el proceso o se mida y monitoree el mantenimiento y el herramental. La misma medición, en la misma característica, en la misma área del proceso, sobre un periodo de tiempo extenso es evidencia de una falta de aprendizaje.

Criterio para la selección del diseño de un proceso de medición

Antes de que un sistema de medición pueda ser comprado, se desarrolla un proceso de medición detallado por parte de ingeniería. Un equipo multifuncional de personas desarrollará un plan y concepto para el sistema de medición requerido por el diseño.

El equipo necesita evaluar el diseño del subsistema o componente e identificar las características importantes. Estas están basadas en los requerimientos del cliente y la funcionalidad del subsistema o componente hacia el sistema total. Si las dimensiones importantes han sido identificadas, evaluar la habilidad para medir las características.

Desarrolle un diagrama de flujo que muestre los pasos críticos del proceso en la manufactura o ensamble de la parte o subsistema.

Identificar las entradas y salidas clave para cada paso del proceso. Esto ayudará en el desarrollo del criterio del equipo de medición y requerimientos afectados por la localización en el proceso. Un plan de medición, una lista de tipos de medición, no vienen en esta investigación.

Para sistemas de medición complejas, se hace un diagrama de flujo del proceso de medición. A continuación, se utilizarán algunos métodos de lluvia de ideas con el grupo para desarrollar un criterio general para cada medición requerida. Uno de los métodos simples a utilizar es el diagrama de causa-efecto.

Investigar varios métodos del proceso de medición

Los métodos actuales deberían ser investigados antes de invertir en equipo nuevo. Métodos de medición probados pueden proporcionar más operación confiable.

Elementos sugeridos para el desarrollo de la lista de verificación de un sistema de medición.

Esta lista deberá modificarse de acuerdo a la situación y tipo de sistema de medición. El desarrollo de la lista de verificación final debe ser el resultado de la colaboración entre el cliente y el proveedor.

Diseño del sistema de medición y desarrollo de puntos:

- ¿Qué necesita ser medido?
- ¿Para qué propósito serán utilizados los resultados (producción) del sistema de medición?
- ¿Quién utilizará el proceso?
- Capacitación requerida.
- ¿Han sido identificadas las fuentes de variación?
- ¿Se ha desarrollado un FMEA para el sistema de medición?
- Flexibilidad versus dedicación del sistema de medición.
- Contacto versus no contacto.
- Medio ambiente.
- Puntos de medición y localización.
- Método de instalación.
- Orientación de parte.
- Preparación de parte.
- Localización de transductor.
- Correlación de punto #1. Duplicado de calibración.
- Correlación de punto #2. Divergencia de métodos.
- Automatizado versus manual.
- Destructivo versus no destructivo.
- Alcance de medición potencial.

- Resolución efectiva.
- Sensibilidad.

Puntos de construcción del sistema de medición (equipo, estándar, instrumento)

¿Las fuentes de variación identificadas en el diseño del sistema han sido atendidas?

- Sistemas de calibración y control.
- Requerimientos de insumos.
- Requerimientos de salida.
- Costo.
- Mantenimiento preventivo.
- Servicios.
- Ergonomía: habilidad para cargar y operar la máquina sin daños en el tiempo.
- Consideraciones de seguridad.
- Almacenaje y localización.
- Tiempo del ciclo de medición.
- ¿Existirá alguna interrupción al flujo del proceso, integridad del lote, para capturar medir y regresar la parte?
- Manejo del material.

Aspectos ambientales:

¿Existen algunos requerimientos o consideraciones de confiabilidad?

- Partes de refacción.

- Instrucciones para el usuario.

- Documentación.

- Calibración.

- Almacenaje.

- Dispositivos A prueba de error (Poka Yokes).

Puntos de implementación del sistema de medición (proceso)

- Apoyo.

- Capacitación.

- Administración de datos.

- Personal.

- Métodos de mejora.

- Estabilidad a largo plazo.

- Consideraciones especiales.

- Puntos de medición.

Tres puntos fundamentales deben ser considerados cuando se evalúa un sistema de medición:

A - El sistema de medición debe demostrar sensibilidad adecuada.

Primero: ¿El instrumento (y estándar) tiene una discriminación adecuada? Discriminación (o clase) es fijada por el diseño y sirve como el punto de inicio para la selección de un sistema de medición.

Segundo: ¿El sistema de medición demuestra una resolución efectiva? Relativa a la discriminación, determine si el sistema de medición tiene la sensibilidad para detectar cambios en variación del producto o proceso.

B - El sistema de medición debe ser estable

Bajo condiciones de repetibilidad, la variación del sistema de medición se debe a causas comunes y no a causas especiales (caóticas)

El análisis de medición debe considerar siempre el significado práctico y estadístico.

Como los procesos cambian y mejoran, un sistema de medición debe ser reevaluado para su propósito proyectado.

Tipos de variación del sistema de medición

Es asumido que las mediciones son exactas, y frecuentemente el análisis y conclusiones están basados en estas aseveraciones. El error en un sistema de medición puede ser clasificado dentro de cinco categorías: sesgos, repetibilidad, reproductividad, estabilidad y linealidad. Uno de los objetivos del estudio del sistema de medición es obtener información relativa al monto y tipos de variaciones de medición asociados con el sistema de medición cuando este interactúa con su medio ambiente. Es mucho más práctico reconocer la repetibilidad y sesgos de calibración, así como establecer límites razonables para estas que proporcionar indicadores exactos con muy alta repetibilidad.

Esto proporciona un:

Criterio para aceptar un nuevo equipo de medición.

La comparación de un dispositivo de medición contra otro.

Un sesgo para evaluar un gage sospechoso de ser deficiente.

Una comparación de equipo de medición antes y después de ser reparado.

Un componente requerido para calcular la variación del proceso, y el nivel de aceptabilidad de un proceso de producción.

Información necesaria para desarrollar una curva de desempeño del gage (GPC), que indica la probabilidad de aceptar una parte de algún valor verdadero.

Las siguientes definiciones describen los tipos de error o variación asociados con un sistema de medición

Definiciones y fuentes potenciales de variación

-Definición operacional. Una definición operacional es una con la cual las personas pueden hacer negocio. Una definición operacional de seguridad, redondeo, confiable, o cualquier otra característica de calidad debe ser comunicable, con el mismo significado tanto para el vendedor como para el comprador. Ejemplo: Prueba específica de una pieza de material o ensamble.

-Criterio de juicio. Decisión: si o no, el objeto o el material cumple o no con el criterio.

-Estándar. Un estándar es la base para una comparación definida en consenso, una muestra aceptada. Puede ser un artefacto o conjunto (ensemble (instrumentos, procedimientos, etc.) establecido por una autoridad como regla para la medición de cantidad, peso, valor o calidad.

-Estándares de referencia. Un estándar, generalmente de la más alta calidad metrológica disponible en una localización dada, de la cual son derivadas las mediciones hechas en esa localización.

-Equipo de medición y prueba (M&TE). Todos los instrumentos de medición, estándares de medición, materiales de referencia, y aparatos auxiliares que son necesarios para desempeñar una medición.

-Estándar de calibración. Un estándar que sirve como referencia en el desarrollo de las calibraciones de rutina.

-Estándar de transferencia. Un estándar utilizado para comparar un estándar separado de un valor conocido a la unidad que está siendo calibrada.

-Patrón. Un estándar que es utilizado como una referencia en el proceso de calibración.

-Estándar de trabajo. Un estándar cuyo uso intencionado es realizar mediciones de rutina dentro del laboratorio, no proyectado como un estándar de calibración sino más bien utilizado como un estándar de transferencia.

-Verificación de estándar. Un artefacto de medición que de manera cercana simula lo qué el proceso está diseñado para medir, pero inherentemente más estable que el proceso de medición que está siendo evaluado.

-Valor de referencia. Un valor de referencia, conocido también como un valor de referencia aceptado o valor Patrón, es el valor de un artefacto o conjunto que sirve de acuerdo como referencia para comparación.

Los valores de referencia aceptados están basados en lo siguiente:

- Determinadas por el promedio de varias mediciones con un equipo de alto nivel de medición (v. gr., laboratorio de metrología, o equipo de layout).
- Valores legales: definidos y mandados por ley
- Valores teóricos: basados en principios científicos.
- Valores asignados: basados en trabajo experimental de alguna organización nacional o internacional (soportados por la teoría adecuada)
- Valores de Consenso: basados en el trabajo experimental colaborativo bajo el auspicio de un grupo de científicos o ingenieros, definido por un consenso de usuarios tales como organizaciones profesionales y de negocios.
- Valores acordados: valores expresamente acordados por las partes afectadas

En todos los casos, el valor de referencia necesita estar basado en una definición operacional y los resultados de un sistema de medición aceptable. Para alcanzar esto, el sistema de medición utilizado para determinar el valor de referencia puede incluir:

- Instrumentos con un mayor orden de discriminación y un menor error del sistema de medición que el sistema utilizado para una evaluación normal.

- Estar calibrados con estándares rastreables al NIST u otro NMI Valor verdadero

- El valor verdadero es la medida "real" de la parte. Aunque este valor es desconocido, es el objetivo del proceso de medición.

- Desafortunadamente el valor verdadero nunca puede ser conocido con certeza. El valor de referencia es utilizado como la mejor aproximación del valor verdadero en todos los análisis.

Discriminación

La discriminación es la cantidad de cambio de un valor de referencia que un instrumento puede detectar e indicar. Esto también es referido como resolución o legibilidad. La medida de esta habilidad es el valor de la graduación más pequeña de la escala del instrumento. La regla 10 a 1 se interpreta como que el equipo de medición tiene la capacidad para discriminar al menos un décimo de la variación del proceso. Esto es consistente con la filosofía de mejoramiento continuo.

Número de categorías	Control	Análisis
1 categoría de datos	Puede ser utilizado para control solo si: La variación del proceso es pequeña al compararla a las especificaciones La función de pérdida es plana sobre la variación del proceso esperado La fuente principal de variación causa un cambio promedio	Inaceptable para la estimación de parámetros del proceso e índices Sólo indica si el proceso está produciendo partes conformes o no conformes
2 - 4 categorías de datos	Puede ser utilizado con técnicas de control semi-variables basadas en la distribución del proceso Puede producir cartas de control por variables insensibles	generalmente no aceptable para estimación de parámetros de proceso e índices ya que sólo proporciona estimados gruesos
5 o más categorías de datos	Puede ser utilizado con cartas de control por variables	Recomendado

Impacto del número de categorías distintas (ndc) de la distribución del proceso en actividades de control y análisis

Debido a las limitaciones físicas y económicas, el sistema de medición no nota todas las partes de la distribución de un proceso teniendo características separadas o de diferente medida. En lugar de eso la característica medida será agrupada por los valores medidos dentro de categorías de datos. Todas las partes de la misma categoría de datos tendrán el mismo valor para las características medidas. Si al sistema de medición no tiene discriminación (sensibilidad de una resolución efectiva), puede no ser un sistema apropiado para identificar la variación del proceso o cuantificar los valores de una característica individual de la parte. En este caso se deben utilizar mejores técnicas de medición. La discriminación es inaceptable para análisis si este no puede detectar la variación del proceso, e inaceptable para el control si no puede detectar la variación de causas especiales.

Los síntomas de discriminación inadecuada pueden aparecer en la carta de rangos

Las siguientes gráficas contienen dos juegos de cartas de control derivadas de los mismos datos. La carta de control (a) muestra la medición original a la milésima de pulgada más cercana. La carta de control (b) muestra estos datos redondeados a la centésima de pulgada más cercana. La Carta de control (b) parece estar fuera de control debido a los límites artificiales de control estrechos. La mejor indicación de discriminación se puede observar en el la carta de rangos para la variación del proceso. Cuando la amplitud de la carta muestra sólo uno, dos o tres posibles valores para el rango dentro de los límites de control, las mediciones están siendo hechas con una discriminación inadecuada. Si la carta de rangos muestra cuatro posibles valores para el rango dentro de los límites de control y más de un cuarto de los rangos son cero, entonces las mediciones están siendo hechas con una discriminación inadecuada. En la figura, en la carta de rangos hay solo dos valores posibles para el rango dentro de los límites de control (0.00 y 0.01). Por tanto, la regla identifica de manera correcta que la falta de control se debe a una discriminación inadecuada (sensibilidad o resolución efectiva). Este problema puede ser remediado, cambiando la habilidad para detectar la variación dentro de subgrupos incrementando la discriminación de las mediciones. Un sistema de medición tendrá una discriminación adecuada si su resolución aparente es relativamente pequeña con respecto a la variación del proceso. Así una recomendación para una discriminación adecuada para la resolución aparente sería a lo mucho una décima del total de seis veces la desviación estándar del proceso, en lugar de la regla tradicional en donde la resolución aparente debe ser al menos un décimo del rango de tolerancia.

Variación del proceso de medición

Para la mayoría de los procesos de medición, la variación total de medición está descrita como una distribución normal. La probabilidad normal es una suposición de los métodos estándar del análisis del sistema de medición. Cuando los sistemas de medición no están distribuidos normalmente, el análisis de medición debe reconocer y corregir las evaluaciones para los sistemas de medición no normales.

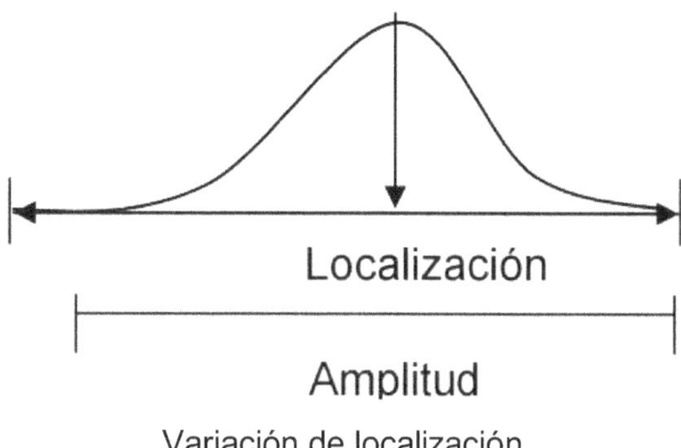

Variación de localización

Exactitud

Un concepto genérico de exactitud se relaciona con la cercanía de acuerdo entre el promedio de uno o más resultados medidos y un valor de referencia. El proceso de medición debe estar en un estado de control estadístico, de otra forma la precisión del proceso no tiene significado. La ISO (Organización Internacional para la Estandarización y ASTM (Asociación Americana para Prueba y Materiales) utiliza el término de precisión para abarcar tanto el sesgo como la repetibilidad. La ASTM recomienda que el término de sesgo sea utilizado como un descriptor del error de localización.

Sesgo

El sesgo es la diferencia entre el valor verdadero (valor de referencia) y el promedio de mediciones observadas en la misma característica en la misma parte. El sesgo es la medida del error sistemático del sistema de medición. Es la contribución al error total comprendido de los efectos combinados de todas las fuentes de variación, conocidas o desconocidas, cuyas contribuciones al error total tiende a compensar consistentemente y de manera predecible todos los resultados de las aplicaciones repetidas del mismo proceso de medición en el tiempo de las mediciones.

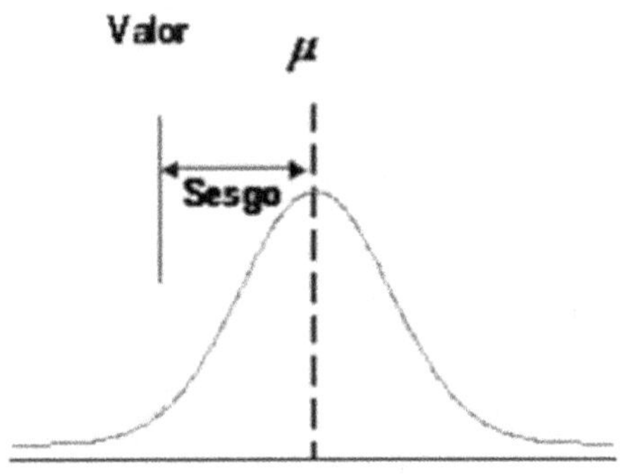

Promedio de mediciones

Causas posibles del sesgo excesivo:

- El instrumento necesita calibración.
- Instrumento, equipo o dispositivo desgastado.
- Patrón desgastado o dañado, error en Patrón.
- Calibración inapropiada o uso de colocación del Patrón.
- Baja calidad del instrumento-diseño o conformidad.

Error de linealidad

- Diferente medida para la aplicación.
- Diferente método de medición.

- Medición de la característica incorrecta.

- Distorsión (medida o parte).

- Medio ambiente.

- Violación de un supuesto, error en una constante aplicada.

- Aplicación – tamaño de parte, posición, habilidad del operador.

El procedimiento de medición empleado en el proceso de calibración debe ser tan idéntico como sea posible al procedimiento de medición de la operación normal.

Estabilidad

Estabilidad (o desplazamiento) es la variación total en las mediciones obtenidas con un sistema de medición sobre el mismo Patrón o partes cuando se mide una característica individual sobre un periodo de tiempo prolongado.

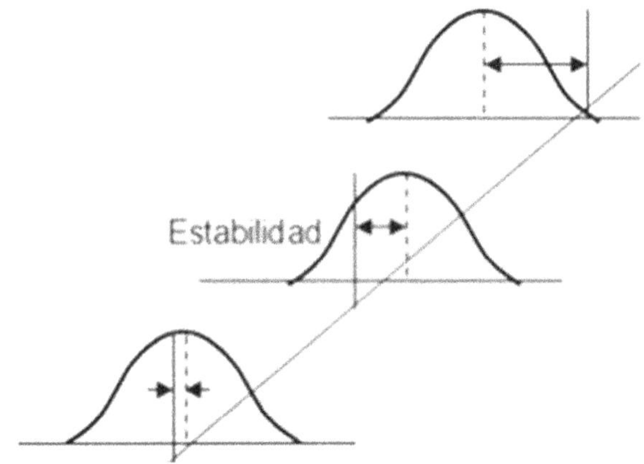

Linealidad

La diferencia de sesgo a través del rango (medición) de operación esperada del equipo es llamada linealidad. La linealidad puede ser pensada como un cambio de sesgo con respecto al tamaño.

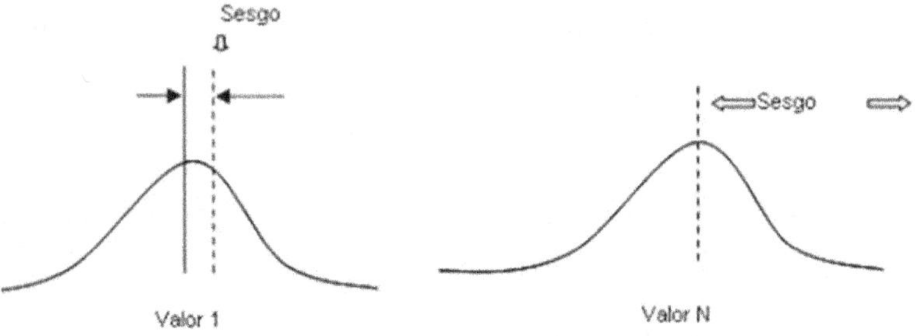

Note que una linealidad inaceptable puede venir en una variedad de sabores. No asumir un sesgo constante.

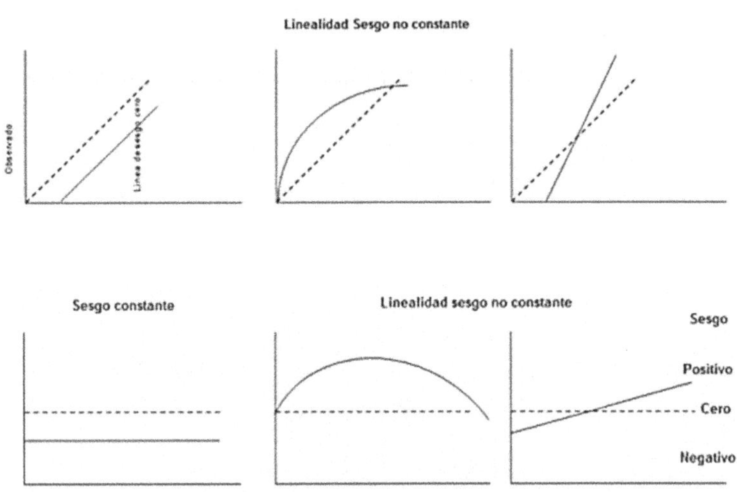

Precisión

La precisión describe el efecto neto de discriminación, sensibilidad y repetibilidad sobre el rango de operación (tamaño, rango y tiempo) del sistema de medición. La precisión se utiliza comúnmente para describir la variación esperada de mediciones repetidas sobre el rango de medición, ese rango puede ser tamaño o tiempo (v. gr., un dispositivo es tan preciso en su rango bajo como en su rango de medición alto; o tan preciso hoy como ayer). El ASTM define precisión en un sentido amplio para incluir la variación desde diferentes lecturas, medidas, gente, laboratorios o condiciones.

Repetibilidad

La repetibilidad se relaciona con la variabilidad "dentro de los evaluadores (within appraiser)". Es la variación en mediciones obtenidas con un instrumento de medición mientras se mide la característica idéntica en la misma parte. Esta es la variación inherente o capacidad del equipo por sí mismo (Equipment Variation). La repetibilidad es variación de causas comunes (Error al azar) de pruebas sucesivas bajo condiciones definidas de medición.

El mejor término para la repetibilidad es la variación dentro del sistema (Within) cuando las condiciones de medición son fijas y definidas – parte fija, instrumento, estándar, método, operador, medio ambiente.

La repetibilidad también incluye toda la variabilidad dentro del sistema de cualquier otra condición en la muestra de error.

Reproducibilidad

La reproducibilidad se relaciona con la variabilidad entre evaluadores (between appraisers). Es definida como la variación en el promedio de mediciones hechas por varios evaluadores utilizando el mismo instrumento de medición cuando se mide la característica idéntica en la misma parte. Es verdadero para instrumentos manuales influenciados por la habilidad del operador. No es verdadero para procesos de medición (sistemas automatizados) donde el operador no es la mayor fuente de variación. Por esta razón, la reproducibilidad es referida como el promedio de variación entre sistemas o entre condiciones de medición.

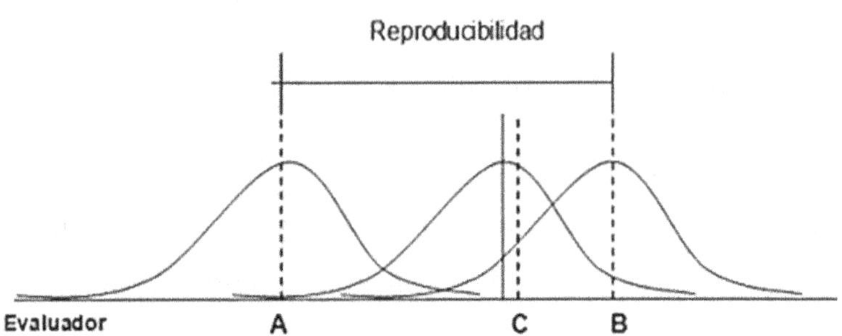

La definición del ASTM va más allá de esto para incluir no sólo diferentes evaluadores sino también diferentes: gages, laboratorios y medio ambiente (temperatura, humedad) así como incluir repetibilidad en el cálculo de la reproducibilidad.

La ASTM se enfoca a estudiar las diferencias entre laboratorios, incluyendo las diferencias entre sus operadores locales, gages y medio ambiente, así como la repetibilidad dentro del laboratorio.

R&R o GRR del calibre, escantillón o gage

Es un estimado de variación combinada de repetibilidad y reproducibilidad. Dicho de otra forma, GRR es la varianza igual a la suma de las varianzas dentro del sistema y entre sistema.

$$\sigma^2_{GRR} = \sigma^2_{reproducibilidad} + \sigma^2_{repetitividad}$$

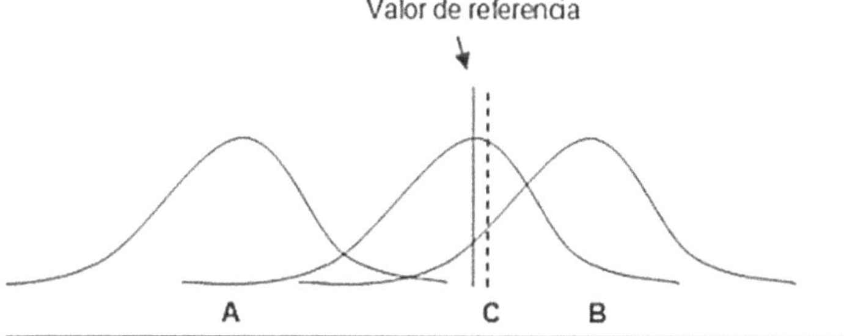

Sensibilidad

Es la entrada más pequeña que resulta en una señal de salida detectable (utilizable).

Es la respuesta del sistema de medición a cambios en la característica medida.

La sensibilidad está determinada por el diseño del calibre o gage (discriminación) calidad inherente (OEM), mantenimiento en servicio, y condición de operación del instrumento y estándar.

Reportado siempre como unidad de medida.

Factores que afectan la sensibilidad:

- Habilidad para amortiguar un instrumento
- Habilidad del operador.
- Repetibilidad del dispositivo de medición.
- Habilidad para proporcionar una operación sin corrimientos en el caso de calibres electrónicos o neumáticos.
- Condiciones bajo las cuales el instrumento está siendo usado tales como aire del ambiente, suciedad, humedad.

Consistencia

Es la diferencia en la variación de las mediciones tomadas durante el tiempo. Puede ser vista como repetibilidad en el tiempo.

Factores que impactan la consistencia y son causas especiales de variación:

- Temperatura de partes.
- Calentamiento requerido para equipo electrónico.
- Equipo desgastado.

Uniformidad

Es la diferencia en la variación a través del rango de operación del calibre. Considerado a ser la homogeneidad de la repetibilidad sobre el tamaño.

Factores que impactan la uniformidad:
- El dispositivo permite posicionar de manera diferente los distintos tamaños pequeños/grandes.
- Pobre lectura en la escala.
- Paralaje en lectura.

Variación en el sistema de medición

Capacidad

Es un estimado de la variación combinada de errores de medición con base en una evaluación a corto plazo.

La capacidad simple incluye los componentes de (ver capítulo III para los métodos específicos utilizados para cuantificar los componentes):
- Sesgo o linealidad sin corregir.
- Repetibilidad y reproducibilidad (GRR), incluyendo consistencia a corto plazo.

Un estimado de la capacidad de medición es una expresión del error esperado para condiciones definidas, rango y ámbito del sistema de medición (defiere de la incertidumbre, que una expresión del rango esperado de error o valores asociados con el resultado de una medición). La expresión de la capacidad de variación combinada (varianza) cuando los errores de medición no son correlacionados pueden ser cuantificados como:

$$\sigma^2_{capacidad} = \sigma^2_{tendencia\,(linealidad\,)} + \sigma^2_{GRR}$$

Hay dos puntos esenciales que entender y aplicar correctamente la capacidad de medición

Primero, un estimado de capacidad está asociada siempre con un ámbito de medición – condiciones, rango y tiempo. El ámbito para un estimado de la capacidad de medición podría ser muy específico o una declaración general de operación, sobre una porción limitada o un rango completo de medición. El corto plazo puede significar: la capacidad sobre series de ciclos de medición, el tiempo para completar la evaluación del GRR, un periodo especificado de producción, o tiempo representado por la frecuencia de calibración. Una declaración de la capacidad de medición necesita ser sólo tan completo como razonablemente replique las condiciones y rango de medición. Un plan de control documentado sirve para este propósito.

Segundo, la consistencia y uniformidad (repetibilidad de errores) a corto plazo sobre el rango de medición están incluidas en el estimado de la capacidad. Un mayor rango o un sistema de medición más complejo pudiera demostrar los errores de medición de linealidad, uniformidad, y consistencia corto plazo sobre el rango o tamaño. Debido a que estos errores están correlacionados no pueden correlacionarse utilizando la fórmula lineal arriba mencionada. Cuando la linealidad, uniformidad o consistencia (no correlacionadas) varían significativamente sobre el rango, el analista tiene dos opciones:

- Reportar la máxima capacidad (peor caso) para todas las condiciones definidas, alcance y rango del sistema de medición.
- Determinar y reportar múltiples evaluaciones de capacidad para porciones definidas del rango de medición (v. gr., rango bajo, medio y alto).

Es el efecto neto de todas las fuentes significativas y determinantes de variación sobre el tiempo. El desempeño cuantifica la evaluación a largo plazo de errores de medición combinados.

El desempeño incluye los componentes de error a largo plazo

- Capacidad (errores a corto plazo).
- Estabilidad y consistencia.

El estimado del desempeño de la medición es una expresión del error esperado para condiciones definidas, alcance y rango del sistema de medición (defiere de la incertidumbre, que una expresión del rango esperado de error o valores asociados con el resultado de una medición).

La expresión de desempeño de la variación combinada (varianza) cuando los errores de medición no son correlacionados (aleatorios e independientes) pueden cuantificarse como:

$$\sigma^2_{desempe\tilde{n}o} = \sigma^2_{capacidad} + \sigma^2_{estabilidad} + \sigma^2_{consistencia}$$

El desempeño a largo plazo siempre es asociado con un alcance definido de medición – condiciones, rango y tiempo. El ámbito para un estimado de desempeño de medición podría ser muy específico o una declaración general de operación sobre una porción limitada o un rango completo de medición. El largo plazo puede significar, el promedio de varias evaluaciones de capacidad en el tiempo, el error promedio a largo plazo de una carta de control de mediciones, una evaluación de los rangos de calibración o estudios múltiples de linealidad, o un promedio de error de varios estudios GRR sobre la vida y rango del sistema de medición. La definición del desempeño de la medición solo es completa en la medida en razonablemente represente la condiciones y rango de las mediciones. La consistencia y uniformidad (errores de repetibilidad) a largo plazo sobre el rango de medición son incluidas en un estimado de desempeño. El analista de medición debe estar consciente de la correlación potencial de errores, para no sobrestimar el estimado del desempeño. Cuando la linealidad, uniformidad o consistencia a largo plazo varía significativamente sobre el rango, el analista tiene sólo dos opciones prácticas.

Reportar el desempeño máximo (peor caso) para todas las condiciones definidas, alcance y rango del sistema de medición, determinar y reportar múltiples evaluaciones de desempeño para una porción definida del rango de medición

Incertidumbre

Es un parámetro, asociado con el resultado de una medición que caracteriza la dispersión de los valores que razonablemente pueden ser atribuidos al mesurando.

Incertidumbre en la medición general

Incertidumbre de la medición es un término que es utilizado internacionalmente para describir la calidad de un valor de medición, los estándares del sistema de calidad tales como el QS-9000 o ISO/IEC TS16949 requieren que, "la incertidumbre en la medición debe ser conocida y consistente con la capacidad de medición requerida de cualquier inspección, medición o equipo de prueba".

La incertidumbre es el rango asignado al resultado de la medición que describe, dentro de un nivel de confianza definido, el rango esperado que contenga el resultado de medición verdadero.

La incertidumbre de la medición es normalmente reportada como una cantidad bilateral.

La incertidumbre es una expresión cuantificable de la confiabilidad de la medición.

Una expresión simple de este concepto es:

> *Medición verdadera = medición observada (resultado) $\pm$ U*

U es el término para "incertidumbre ampliada" del resultado de la medición. La incertidumbre ampliada es el error combinado estándar (u_c) o desviación estándar de los errores combinados (al azar y sistemático), en el proceso de medición multiplicado por un factor de protección (k) que representa el área de la curva normal para un nivel de confianza deseado. Una distribución normal es aplicada como principio de suposición para los sistemas de medición. La guía para la incertidumbre en la medición del ISO/IEC establece el factor de protección suficiente para reportar la incertidumbre al 95% de la distribución normal. Esto es interpretado como k = 2.

$$U = ku_c$$

Incertidumbre de la medición y MSA

La mayor diferencia entre incertidumbre y el MSA es que el MSA se enfoca en la comprensión del proceso de medición, determinando la cantidad de error en el proceso, y evaluando la adecuación del sistema de medición para el control del producto y del proceso. El MSA promueve la comprensión y mejora (reducción de variación). La incertidumbre es el rango de valores de medición, definido por un intervalo de confianza, asociado con un resultado de medición y esperando que incluya el valor verdadero de medición.

Trazabilidad de Medición

La trazabilidad es la característica de medición o el valor de un estándar por medio del cual este puede ser relacionado a referencias establecidas, usualmente estándares nacionales o internacionales, mediante una cadena intacta de comparaciones teniendo todas establecidas la incertidumbre. Al incluir tanto el término de las fuentes de variación de la medición a corto y largo plazo que son presentados por el sistema de medición y la cadena de trazabilidad, la incertidumbre de medición del sistema de medición puede ser evaluada asegurando que todos los efectos de trazabilidad son tomados en cuenta.

Análisis del problema de medición

Una comprensión de la variación de la medición y su contribución a la variación total es un paso fundamental en la solución de problemas. Cuando la variación en el sistema de medición excede todas las otras variables, será necesario analizar y resolver aquellas cuestiones antes de trabajar en el resto del sistema. En algunos casos la contribución de la variación del sistema de medición es ignorado. Esto puede causar pérdida de tiempo y recursos, si el enfoque es el proceso de manufactura, cuando la variación es del sistema de medición.

Si el sistema de medición fue desarrollado utilizando los métodos de este manual, la mayoría de los pasos iniciales existirán.

1 - Identificar los aspectos de preocupación en la medición

Es importante definir el problema o preocupaciones. En el caso de preocupaciones de medición, pueden tomar la forma de exactitud, variación, estabilidad, etc.

Lo importante a hacer es tratar de aislar la variación de la medición y su contribución, de la variación del proceso (la decisión podría ser trabajar en el proceso más que trabajar en el dispositivo de medición).

La exposición de los aspectos de preocupación necesita tener una definición operacional adecuada que cualquiera pueda entender y sea capaz de actuar en el punto.

2 - Identificar el equipo

El equipo de solución de problemas, dependerá de la complejidad del sistema de medición y el problema.

Un sistema de medición simple sólo requerirá unas cuantas personas, pero si se vuelve más complejo la cantidad aumentará (el tamaño máximo del equipo deberá limitarse a 10 miembros).

Los miembros el equipo y la función que representen deben ser identificados en la hoja de solución de problemas.

3 - Diagrama de flujo del sistema y del proceso de medición

El equipo revisará cualquier diagrama de flujo histórico del sistema de medición y del proceso. También puede provocar una discusión sobre información conocida y desconocida sobre la medición y su interrelación con el proceso. El proceso del diagrama de flujo puede identificar miembros adicionales para agregarse al equipo.

4 - Diagrama Causa – Efecto

El equipo debe revisar cualquier diagrama histórico de causa- efecto del sistema de medición. Esto puede resultar en la solución final o en una solución parcial. Deben tener un conocimiento en ese punto para identificar inicialmente aquellas variables con la mayor contribución a ese punto.

5 - Planear-Hacer-Estudiar-Actuar (PDSA)

Esto es una forma de estudio científico. Se planean experimentos, se recolectan datos, es establecida la estabilidad, se realizan hipótesis y se prueban hasta que se encuentra una solución apropiada.

6 - Posible solución y prueba de la corrección

Los pasos y la solución son documentados para rango de la decisión.

Se ejecuta un estudio preliminar para validar la solución. Puede ser hecho utilizando alguna forma de diseño de experimento para validar la solución. También pueden realizarse estudios adicionales sobre el tiempo incluyendo variación en materiales y ambiente.

7 - Institucionalizar el cambio

La solución final es documentada en el reporte, entonces el departamento y funciones apropiadas cambian el proceso para que no se repita el problema en el futuro. Esto tal vez requiera cambios en procedimientos, estándares, y materiales de capacitación. Este es uno de los pasos más importantes en el proceso.

Guía ISO para la expresión de incertidumbre en la medición

La guía a la expresión de incertidumbre en la medición (GUM) es una guía para saber cómo la incertidumbre de una medición debería ser evaluada y expresada.

Mientras esto proporciona al usuario un entendimiento de la teoría y lineamientos de cómo la incertidumbre de las fuentes de medición puede ser clasificadas y combinadas, esto debería ser considerado en el documento de referencia de alto nivel, no un manual "como hacer".

Proporciona una guía para la independencia estadística de las fuentes de variación, análisis de sensibilidad, grado de libertad, etc., que son críticos cuando se evalúan sistemas de medición multi – parámetros más complejos.

Análisis de los resultados

Los resultados deben ser evaluados para determinar si el dispositivo de medición es aceptable para la aplicación intencionada. Un sistema de medición debe ser estable antes de que cualquier análisis adicional sea válido.

Criterio de aceptación – Localización de error

La localización del error está definida normalmente por el análisis de sesgo y linealidad.

El sesgo o linealidad del error de un sistema de medición es inaceptable si este es significativamente diferente de cero o excede el error máximo permisible establecido por el procedimiento de calibración del calibre o gage. En esos casos el sistema de medición debería ser recalibrado o aplicar un factor de corrección para minimizar este error.

Amplitud de error

Criterio de aceptación – Amplitud de error

El criterio final de aceptación para un sistema de medición depende del ambiente y propósito del sistema de medición y deberá ser acordado por el cliente.

Para los sistemas de medición cuyo propósito es analizar un proceso, la regla general para la aceptabilidad de un sistema de medición es:

Error menor al 10 por ciento, aceptable

Error de 10 a 30 por ciento – puede ser aceptable basado en la importancia de aplicación, costo del dispositivo de medición, costo de reparación, etc., más de 30 por ciento – considerado no aceptable – se deben hacer esfuerzos para mejorar el sistema de medición.

Además, el número de categorías distintas (ndc) en que el proceso se divide por el sistema de medición debería ser al menos de 5.

La aceptación final de un sistema de medición no debe realizarse por una serie de índices. El desempeño a largo plazo del sistema de medición también debe ser revisado utilizando un análisis gráfico a través del tiempo.

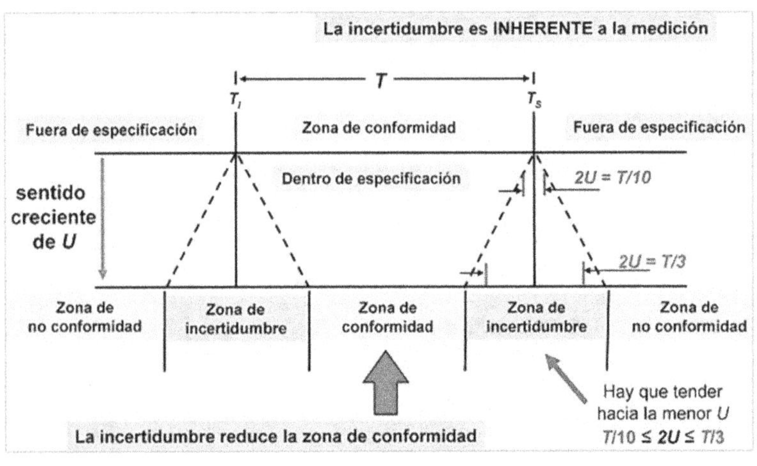

Disminución de la zona de conformidad respecto al intervalo de tolerancia, con el aumento de la incertidumbre de medida

Incertidumbre de la Medición: Teoría y Práctica

Introducción

El resultado de una medición no está completo si no posee una declaración de la incertidumbre de la medición con un nivel de confianza determinado. De ningún modo es la incertidumbre de la medición un término equivalente al error de la medición o a la precisión de la misma bajo condiciones de repetibilidad o reproducibilidad. La incertidumbre de la medición, calificada en ocasiones como un gran problema, verdaderamente no lo es y no existe situación real alguna donde lo sea, simplemente que su cálculo juzga por sí mismo cuánto conocemos de los procesos de medición en los que nos desempeñamos día a día, el nivel de la gestión de la calidad de los mismos, y por consiguiente saca a relucir las virtudes y los defectos de los sistemas de aseguramiento metrológico que soportan todas las mediciones que realizamos. El análisis puede llevarnos a evaluar la calidad de las mediciones desde los niveles más bajos de exactitud hasta los niveles más altos de exactitud en las cadenas de trazabilidad que tenemos establecidas. El presente curso establece las reglas generales para la evaluación y expresión de la incertidumbre de la medición, las cuales pueden seguirse a diferentes niveles de exactitud y en muchos campos de las mediciones, desde la metrología científica hasta la metrología industrial. Por lo tanto, se pretende que los principios que se analizan sean aplicables a una amplia gama de mediciones, incluyendo aquellas requeridas para:

-Mantener el control de la calidad y al aseguramiento de la calidad en la producción (ya sea en sistemas de gestión de la calidad basados en las normas ISO 9000 u otros);

-Cumplir con leyes y reglamentos obligatorios (emitidos por órganos de acreditación nacionales o internacionales);

-Conducir proyectos de investigación y desarrollo aplicados a la ciencia y a la ingeniería;

-Calibración de patrones e instrumentos y realización de ensayos a través de un sistema nacional de mediciones con la finalidad de lograr la trazabilidad a patrones nacionales;

-Desarrollar, mantener, y comparar los patrones de referencia físicos nacionales e internacionales, incluyendo los materiales de referencia.

Desde el punto de vista más elemental, la medición es un proceso que tiene por objetivo determinar el valor de una magnitud particular, es decir del mensurando, siguiendo una serie de operaciones bien definidas, las cuales deben estar documentadas. Este proceso incluye el acto en sí de medir para la adquisición de los datos, el procesamiento de los mismos y la expresión del resultado final. Siempre que se realiza una medición inevitablemente se cometen errores debido a muchas causas, algunas pueden ser controladas y otras son incontrolables o inclusive desconocidas. Por lo tanto, para realizar mediciones con calidad y obtener resultados confiables es necesario que la persona que realiza la medición tenga el conocimiento, la técnica y la disciplina necesarios. El conocimiento y la comprensión de la metrología como ciencia de las mediciones, y el dominio los instrumentos de medición empleados. La técnica adquirida con el hábito de medir que lleva a la formación de la experiencia y al desarrollo de habilidades, insustituibles siempre que se han de realizar buenas mediciones. La disciplina que sólo se consigue pensando antes de hacer, sobre la base de procedimientos normalizados, y realizando las operaciones ordenadamente, registrando correctamente los resultados.

Cuando se expresa el resultado de la medición, además del valor estimado del mensurando, es necesario evaluar y expresar la incertidumbre de la medición como valoración de la calidad del resultado de la medición. La incertidumbre de la medición es considerada como una figura de mérito, es decir, un índice de calidad de la medición que proporciona una base para la comparación de los resultados de las mediciones, dando una medida de la confiabilidad en los resultados. La mayoría de las mediciones son realizadas con instrumentos sujetos a la calibración o verificación periódica. Si se conoce que estos instrumentos están en conformidad con los errores máximos permisibles establecidos en sus especificaciones o en documentos normativos aplicados y que las diferentes fuentes de incertidumbre que intervienen en el proceso de medición pueden ser cuantificadas o minimizadas, la incertidumbre asociada con el resultado de la medición puede ser calculada para la totalidad de las situaciones prácticas.

Incertidumbre de la Medición: Teoría y Práctica

Incertidumbre

Definición de incertidumbre

La incertidumbre de la medición es una forma de expresar el hecho de que, para un mensurando y su resultado de medición dados, no hay un solo valor, sino un número infinito de valores dispersos alrededor del resultado, que son consistentes con todas las observaciones datos y conocimientos que se tengan del mundo físico, y que con distintos grados de credibilidad pueden ser atribuidos al mensurando. La definición del término incertidumbre de la medición utilizada en este curso es:

- Parámetro, asociado con el resultado de una medición, que caracteriza la dispersión de los valores que pudieran ser razonablemente atribuidos al mensurando.

La definición de incertidumbre dada anteriormente se enfoca en el rango de valores que el observador cree que podría ser razonablemente atribuido al mensurando. En general, el uso de la palabra incertidumbre se relaciona con el concepto de duda. La palabra incertidumbre sin adjetivos se refiere a un parámetro asociado con la definición anterior o al conocimiento limitado acerca de un valor particular. La incertidumbre de la medición no implica duda acerca de la validez de un mensurando; por el contrario, el conocimiento de la incertidumbre implica el incremento de la confianza en la validez del resultado de una medición.

Fuentes de incertidumbre

En la práctica la incertidumbre del resultado puede originarse de muchas fuentes posibles, entre ellas podemos mencionar:

-Definición incompleta del mensurando;

-Realización imperfecta de la definición del mensurando;

-Muestreo;

-Conocimiento inadecuado de los efectos de las condiciones ambientales sobre las mediciones, o mediciones imperfectas de dichas condiciones ambientales;

-Errores de apreciación del operador en la lectura de instrumentos analógicos;

-Resolución finita del instrumento o umbral de discriminación finito;

-Valores inexactos de patrones de medición y materiales de referencia;

-Valores inexactos de constantes y otros parámetros obtenidos de fuentes externas y usados en los algoritmos de reducción de datos;

-Aproximaciones y suposiciones incorporadas en los métodos y procedimientos de medición;

-Variaciones en observaciones repetidas del mensurando bajo condiciones aparentemente iguales.

Muestreos no representativos - la muestra medida puede no representar el mensurando definido

Las fuentes analizadas en este epígrafe no son necesariamente independientes, y algunas de las fuentes pueden contribuir a otras.

El resultado de una medición está completo únicamente cuando está acompañado por una declaración cuantitativa de la incertidumbre, que expresa la calidad del mismo y permite valorar la confiabilidad en este resultado.

Componentes de incertidumbre

En la estimación de toda la incertidumbre puede ser necesario tomar cada fuente de incertidumbre y tratarla separadamente para obtener la contribución de cada fuente. Cada una de las contribuciones separadas a la incertidumbre es referida como una componente de incertidumbre.

Cuando es expresada como una desviación estándar una componente de incertidumbre es conocida como una incertidumbre estándar. Si hay correlación entre cualquiera de las componentes entonces ésta tiene que ser tomada en cuenta determinándose la covarianza. Sin embargo, es posible frecuentemente evaluar el efecto combinado de varias componentes. Esto puede disminuir todo el esfuerzo envuelto y, cuando las componentes cuya contribución es evaluada en común están correlacionadas, puede no haber necesidad adicional de tomar en cuenta la correlación. Para un resultado de una medición y, la incertidumbre total, denominada incertidumbre estándar combinada y denotada por u_c (y), es una desviación estándar estimada igual a la raíz cuadrada positiva de la varianza total obtenida por la combinación de todas las componentes de la incertidumbre, evaluada, por lo tanto, utilizando la ley de propagación de incertidumbre. Para la mayoría de los propósitos en las mediciones, puede ser utilizada una incertidumbre expandida U(y). La incertidumbre expandida suministra un intervalo dentro del cual el valor del mensurando se cree caer con un alto nivel de confianza. U(y) es obtenida por la multiplicación de u_c (y), la incertidumbre estándar combinada, por un factor de cobertura k. La elección del factor k está basada en el nivel de confianza deseado. Para un nivel de confianza aproximado de 95 %, k es 2. El factor de cobertura siempre debe ser señalado para que la incertidumbre estándar combinada de la magnitud medida pueda ser recuperada, para usarse en el cálculo de la incertidumbre estándar combinada de otros resultados de mediciones que pueden depender de la magnitud.

Error e incertidumbre

En general, todo procedimiento de medición tiene imperfecciones que dan lugar a un error en el resultado de la medición, lo que provoca que el resultado sea sólo una aproximación o estimado del valor del mensurando. Es importante distinguir entre error e incertidumbre. El error es definido como la diferencia entre un resultado individual de una medición y el valor verdadero del mensurando. Es decir, el error es un simple valor. En principio el valor de un error conocido puede ser aplicado como una corrección al resultado de una medición. El valor verdadero del mensurando es aquel que caracterizaría idealmente al resultado de la medición, o sea, el que resultaría de una medición "perfecta". El error es un concepto idealizado y los errores no pueden ser conocidos exactamente. La incertidumbre, por otro lado, toma la forma de un rango, y, si es estimada para un procedimiento de medición, puede aplicarse a todas las determinaciones descritas en dicho procedimiento. En general, el valor de la incertidumbre no puede utilizarse para corregir el resultado de una medición. Para ilustrar la diferencia, el resultado de una medición después de la corrección puede estar muy cercano al valor del mensurando, y por lo tanto tener un error despreciable. Sin embargo, la incertidumbre puede todavía ser muy grande, simplemente porque la persona que ejecuta la medición está muy insegura de cuán cercano está el resultado del valor del mensurando. La incertidumbre del resultado de una medición nunca debe ser interpretada como la propia representación del error ni como el error remanente después de la corrección. Es considerado que un error tiene dos componentes una componente sistemática y una componente aleatoria. El error aleatorio normalmente se origina de variaciones impredecibles de magnitudes influyentes. Estos efectos aleatorios dan origen a variaciones en observaciones repetidas del mensurando. El error aleatorio del resultado de una medición no puede ser compensado por el incremento del número de mediciones, pero este puede normalmente ser disminuido por tal incremento. La desviación estándar experimental de la media aritmética o promedio de una serie de observaciones no es el error aleatorio de la media, aunque esto es así referido en algunas publicaciones de incertidumbre. En vez de esto, es una medida de la incertidumbre de la media debido a algunos efectos aleatorios. El valor exacto del error aleatorio en la media, originado de estos efectos, no puede ser conocido. El error sistemático es definido como la componente de error la cual en el curso de un número de mediciones del mismo mensurando, permanece constante o varía de una forma predecible. Este es independiente del número de mediciones llevadas a cabo y no puede por lo tanto ser disminuido por el incremento del número de mediciones bajo condiciones constantes de medición. Los errores sistemáticos constantes, tal como la inexactitud en la calibración en múltiples puntos de un instrumento, son constantes para un nivel dado del valor del mensurando, pero pueden variar con el nivel del valor medido. Los efectos que cambian sistemáticamente en magnitud durante una serie de mediciones, causados, por ejemplo, por el inadecuado control de las condiciones experimentales, dan origen a errores sistemáticos que no son constantes. Ejemplos: Un incremento gradual en la temperatura de un conjunto de muestras durante un análisis químico puede conducir a cambios progresivos en el resultado; Los sensores y pruebas que muestran efectos de envejecimiento sobre la escala de tiempo de un experimento pueden además introducir errores sistemáticos no constantes. El resultado de una medición debe ser corregido para todos los efectos sistemáticos significativos reconocidos. El valor que es sumado algebraicamente al resultado no corregido de una medición, para compensar el error sistemático se denomina corrección. El factor numérico por el cual se multiplica el resultado no corregido de una medición para compensar el error sistemático se denomina factor de corrección. Los instrumentos y sistemas de medición son frecuentemente ajustados o calibrados utilizando patrones de medición y materiales de referencia para corregir efectos sistemáticos. Las incertidumbres asociadas con estos patrones y materiales de referencia y la incertidumbre de la corrección tiene que ser tomada en cuenta. Otro tipo de error es el error grosero (error espurio). Los errores de este tipo invalidan una medición y normalmente se originan de fallas humanas o de mal funcionamiento del instrumento. Como ejemplos comunes de este tipo de error se encuentran: la transposición de dígitos en un número mientras se registran los datos, una burbuja de aire que fluye a través de la celda de un espectrofotómetro, etc. Las mediciones para las cuales los errores groseros han sido detectados deben ser despreciadas y ningún intento debe ser hecho para incorporar los errores a cualquier análisis estadístico. Sin embargo, los errores tales como la transposición de dígitos pueden ser corregidos (exactamente).

Los errores groseros no siempre son obvios y, cuando un número suficiente de mediciones repetidas está disponible, es normalmente apropiado aplicar una prueba de frontera para chequear la presencia de miembros sospechosos en el conjunto de datos.

Cualquier resultado positivo obtenido de tal prueba debe ser considerado con cuidado y, cuando sea posible referido al origen para la confirmación.

Las incertidumbres estimadas utilizando la metodología descrita en este curso no tiene en cuenta los errores groseros.

Errores de medición

Errores instrumentales

La primera fuente de error es la propia limitación de los instrumentos de medición que utilizamos, los cuales podemos considerarlos de dos tipos fundamentales:

-Los errores que se determinan en el proceso de calibración del instrumento, los cuales son debidos al propio diseño estructural del instrumento de medición, a las propiedades de los materiales que lo componen, a imperfecciones en la tecnología de su fabricación y al envejecimiento de sus partes componentes durante el proceso de su explotación. De acuerdo a la exactitud prevista en la medición, estos errores instrumentales pueden disminuirse en gran medida, introduciendo las correcciones correspondientes reportadas en su certificado de calibración. De hecho, todo instrumento de medición debe ser calibrado periódicamente, ya que de otra forma no se puede asegurar si las lecturas proporcionadas por el mismo son o no correctas. Si un instrumento de medición tiene su calibración vigente y ha sido usado correctamente, se puede afirmar que sus errores están dentro de los límites del error máximo permisible especificados en la documentación correspondiente.

-Errores que surgen a consecuencia de la influencia del instrumento de medición sobre las propiedades del objeto o fenómeno que se mide. Tales situaciones surgen, por ejemplo, al medir la longitud cuando el esfuerzo de medición del instrumento utilizado es demasiado grande, al registrar procesos que ocurren con rapidez con equipos que funcionan insuficientemente rápido; al medir la temperatura con termómetros de líquido, etc. En especial esto debe tenerse en cuenta en los instrumentos eléctricos y electrónicos, puestos que estos para producir una indicación, precisan energía que ha de ser proporcionada por el circuito donde se realiza la medición. Aunque la calidad de un instrumento está relacionada con los errores que produce, éstos también dependen de la forma en que sean utilizados. Por tanto, se recomienda conocer lo mejor posible las características de un instrumento antes de utilizarlo. Si no se cumplen los requisitos establecidos en el manual técnico del instrumento de medición dado, tales como condiciones nominales de funcionamiento, tiempo de precalentamiento, correcta instalación, etc., el error de medida puede ser bastante mayor que el esperado.

Errores de método

Los errores de método, también denominados errores teóricos, son los debidos a la imperfección del método de medición. Entre estos podemos señalar los siguientes:

-Errores que son la consecuencia de ciertas aproximaciones al aplicar el principio de medición y considerar que se cumple una ley física determinada o al utilizar determinadas relaciones empíricas.

-Errores del método que surgen al extrapolar la propiedad que se mide en una parte limitada del objeto de medición al objeto completo, si éste no posee homogeneidad de la propiedad medida. Por ejemplo, cuando determinamos la densidad de una sustancia a partir de la masa y el volumen de una muestra que contenía cierto grado de impurezas y el resultado se considera que caracteriza a la sustancia dada.

Errores debido a agentes externos

Los agentes externos que actúan en el proceso de medición se pueden clasificar en dos grupos:

-Factores ambientales. Tanto la magnitud a medir como la respuesta de los instrumentos de medición, dependen en mayor o menor grado de las condiciones ambientales en que el proceso se lleva a cabo. Como variables ambientales citaremos la temperatura, la humedad y la presión, la primera es sin duda la más significativa. Es necesario considerar además el nivel de iluminación, la contaminación del ambiente, el nivel de polvo, etc.

-Presencia de señales o elementos parásitos. Los elementos parásitos que generalmente se presentan al efectuar una medición, pueden ser de dos tipos:

-Los que inciden sobre la medición de forma errática, perturbando las condiciones de equilibrio del sistema de medición y disminuyendo su exactitud. Por ejemplo, vibraciones mecánicas, corrientes de aire, zumbidos de la red eléctrica y señales de radiofrecuencia. Estas señales perturbadoras producen en ciertos casos un ruido de fondo en la respuesta de los instrumentos electrónicos, o hacen inestable el dispositivo de lectura cuando hay partes mecánicas móviles, produciendo efectos aleatorios y aumentando la incertidumbre de la medición.

-Agentes físicos de igual naturaleza que la de la magnitud a medir que se hallan presentes de modo prácticamente constante. Por ejemplo, campos electrostáticos o magnetostáticas (como puede ser el campo magnético terrestre), fuerzas electromotrices termoeléctricas o de contacto presentes en una instalación de medición, etc.

Errores debidos al observador
Entre los errores debido al observador podemos señalar:
Errores de paralaje o de interpolación visual al leer en la escala de un instrumento;
Errores debido a un manejo equivocado del instrumento;
Omisión de operaciones previas o durante la medición, como puede ser un ajuste a cero, tiempo mínimo de precalentamiento, etc.

Errores matemáticos
Frecuentemente, con los datos de las mediciones es necesario realizar determinados cálculos para obtener el resultado final; por tanto, otra fuente de error son los

errores matemáticos que se comenten al emplear fórmulas inadecuadas, redondear las cantidades, etc.

Función de distribución de la variable aleatoria

El resultado de cada observación realizada en un proceso de medición depende de la acción de un gran número de factores que varían durante el proceso de medición de forma incontrolable (efectos aleatorios), por ejemplo:

Pequeñas corrientes de aire y vibraciones;

Variación de la atención del ojo del observador;

Variaciones de la temperatura, la humedad y la presión atmosférica;

Variaciones de los momentos de fricción entre partes móviles de instrumentos mecánicos;

Fluctuaciones del voltaje y la frecuencia de la red de alimentación eléctrica.

Por esta razón, al repetir muchas veces una medición obtendremos, en general, diferentes valores en cada realización, algunos de los cuales pueden o no repetirse. La experiencia demuestra que, por mucho que se trate, es imposible lograr la misma combinación de factores en cada observación repetida. Los fenómenos que cumplen estas condiciones se llaman fenómenos aleatorios y las variables que los caracterizan se denominan variables aleatorias. Por tanto, el resultado de una medición es una variable aleatoria, para el tratamiento de las cuales se usan los métodos de la teoría de probabilidades y la estadística matemática. Utilizaremos la letra mayúscula X para denotar la variable aleatoria (resultado de la medición) y su correspondiente minúscula, x, para uno de sus valores.

Las variables aleatorias pueden ser:

- Variables aleatorias discretas;
- Variables aleatorias continuas.

Para una variable aleatoria discreta siempre es posible contar su conjunto de resultados posibles. Por ejemplo, el número de ítems defectuosos en una muestra de k ítems.

Cuando una variable aleatoria puede tomar valores en una escala continua, se le denomina variable aleatoria continua. El resultado de la medición, como variable aleatoria, es una variable aleatoria continua.

Proceso de estimación de la incertidumbre estándar

La estimación de la incertidumbre en principio es simple. A continuación, se señalan las tareas necesarias para obtener un estimado de la incertidumbre asociada con un resultado de la medición:

-Especificación del mensurando. Escribir un enunciado claro de qué es medido, incluyendo la relación entre el mensurando y las magnitudes de entrada (por ejemplo, magnitudes medidas, constantes, valores de patrones de calibración, etc.) sobre las cuales éste depende. Donde sea posible, incluir las correcciones para efectos sistemáticos conocidos. La especificación de la información puede ser dada en un Procedimiento de

Operación Normalizado (PON) u otra descripción del método. Identificación de las fuentes de incertidumbre y análisis. Listar las posibles fuentes de incertidumbre. Esta lista incluye las fuentes que contribuyen a la incertidumbre en los parámetros de la relación especificada en el primer paso, pero puede incluir otras fuentes y las fuentes originadas de cualquier suposición que sea tomada. Evaluación de la incertidumbre estándar. Medir o estimar el tamaño de la componente de incertidumbre asociada con cada fuente potencial de incertidumbre identificada. Frecuentemente es posible estimar o determinar una contribución simple a la incertidumbre asociada con un número de fuentes separadas. Es importante considerar si los datos disponibles cuentan lo suficientemente para todas las fuentes de incertidumbre, y planificar cuidadosamente experimentos adicionales y estudios para asegurar que las fuentes de incertidumbre son tomadas en cuenta adecuadamente. Cálculo de la incertidumbre combinada. La información obtenida en el tercer paso consiste de un número de contribuciones cuantificadas a toda la incertidumbre, o asociadas con fuentes individuales o con los efectos combinados de varias fuentes. Las contribuciones tienen que ser expresadas como desviaciones estándar, y combinadas de acuerdo a reglas apropiadas, para dar una incertidumbre estándar combinada. El factor de cobertura apropiado debe ser aplicado para dar una incertidumbre expandida.

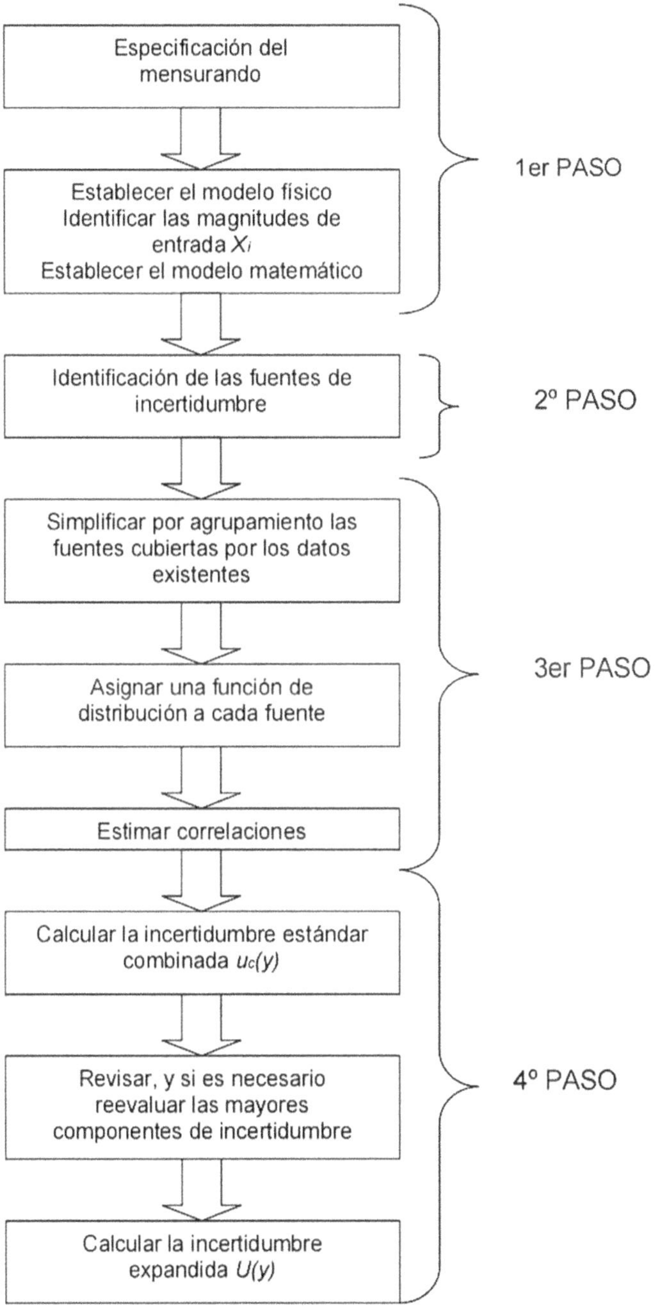

Especificación del mensurando

Establecer el modelo físico
Identificar las magnitudes de entrada X_i
Establecer el modelo matemático

1er PASO

Identificación de las fuentes de incertidumbre

2º PASO

Simplificar por agrupamiento las fuentes cubiertas por los datos existentes

Asignar una función de distribución a cada fuente

Estimar correlaciones

3er PASO

Calcular la incertidumbre estándar combinada $u_c(y)$

Revisar, y si es necesario reevaluar las mayores componentes de incertidumbre

4º PASO

Calcular la incertidumbre expandida $U(y)$

Los siguientes epígrafes suministran una guía para la ejecución de todos los pasos listados anteriormente y muestran como el procedimiento puede ser simplificado, dependiendo de la información que está disponible acerca del efecto combinado de un número de fuentes.

Especificación del mensurando

En el contexto de la estimación de la incertidumbre, "la especificación del mensurando" requiere una clara e inequívoca definición de que es medido, y una expresión cuantitativa que relacione el valor del mensurando con los parámetros de los cuales depende. Estos parámetros pueden ser otros mensurandos, magnitudes que no son directamente medidas o constantes. Pretender estudiar el proceso de medición de manera exacta y completa está usualmente fuera de las actividades rutinarias de la persona que efectúa las mediciones, más aún, es el propósito de la investigación científica cuya solución pocas veces se vislumbra. Por lo tanto, es necesario la simplificación del fenómeno o de la situación real conservando las características más relevantes para el propósito pretendido, mediante la construcción de un modelo para la medición. Un modelo físico de la medición consiste en el conjunto de suposiciones sobre el propio mensurando y las variables químicas o físicas relevantes para la medición. Estas suposiciones usualmente incluyen:

-La relación entre variables presentes en el fenómeno;

-Consideraciones sobre el fenómeno como conservación de cantidades, comportamiento temporal, comportamiento espacial, simetrías;

-Consideraciones sobre propiedades de la sustancia como homogeneidad e isotropía.

-Una medición física, por simple que sea, tiene asociado un modelo que sólo aproxima el proceso real.

-El modelo físico se representa por un modelo descrito con lenguaje matemático (modelo matemático).

-El modelo matemático supone aproximaciones originadas por la representación imperfecta o limitada de las relaciones entre las variables involucradas.

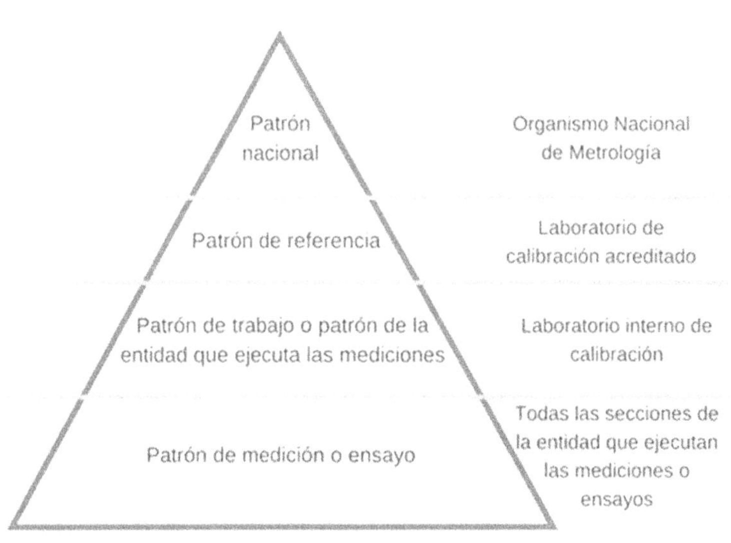

Esquema de la trazabilidad

Ejercicios y problemas 1

1. Para determinar la velocidad de un móvil medimos su recorrido (22,73 m) y el tiempo empleado (3,74 s) Sabemos que por operaciones matemáticas no podemos aumentar la precisión experimental obtenida y recordamos las reglas al aplicar los símbolos SI.

2. ¿Cuál o cuáles de las siguientes expresiones pueden utilizarse para expresar correctamente la velocidad?

a) 6,077 540 m/s

b) 6 077,540 106 mm/s

c) 0,006 077 548 km/s

d) 607,754 01 cm/s

e) 6,077 m/s

f) 6 077 mm/s

g) 0,006 077 km/s

h) 6,08 m/s

i) 6080 mm/s

j) 0,006 08 km/s

3. Queremos calcular el trabajo realizado por una fuerza de 548 N en un recorrido de 1024 m ¿Cuál o cuáles son las expresiones correctas?

561 152 Nm

561 152 J

561 000 Nm

561 000 J

561,152 kNm

561,152 kJ

561 kNm

561 kN

3. Se trata de medir el radio de un casquete esférico mediante un esferómetro.

m = 10

d = 6

Se aplica la fórmula:

$$r = m/2 + d^2/8m$$

4. La variación de presión atmosférica incide en las mediciones de tipo:

a) Óptico

b) Eléctrico

5. En el diseño del acondicionamiento ambiental de un laboratorio, además de los valores solicitados para las diferentes magnitudes, se debo conocer:

- Número de personas habituales en el laboratorio.
- Disipación de calor de los equipos.
- Sistema de salida de aire.

6. En el acondicionamiento de temperatura además del valor de consigna con su incertidumbre, es necesario definir:

a) Número de registros.

b) Máxima variación, dentro de los límites establecidos, en un intervalo de tiempo.

7. Qué se debe hacer para reducir los efectos de las perturbaciones radioeléctricas:

a) Utilizar jaulas de Faraday.

b) Utilizar filtros en la entrada de la red.

8. Haga un proyecto para su empresa de la instalación y puesta en marcha "llave en mano", de un laboratorio de metrología. La dirección de su compañía le asignó un local en la planta baja, que había estado ocupado por el servicio de asistencia técnica, de 90 m² (15 x 6) Las áreas metrológicas de su empresa son la dimensional y la eléctrica Estudie Vd. la distribución y el acondicionamiento. Evalúe separadamente el coste del equipo de control instalado en el laboratorio.

9. Caso

La industria ABC, S.A., había preparado su laboratorio de metrología para ser auditado por responsables del Sistema de Calibración Industrial para ser acreditado como laboratorio de calibración.

Previamente se hizo una auditoría interna realizada por personal de la propia empresa.

Se estimó que el acondicionamiento de temperatura no era correcto para las exigencias que el propio laboratorio se impuso, porque había períodos de tiempo que el registro de temperatura tenía bastante rizado.

Para mejorar el acondicionamiento fue necesario hacer una nueva distribución de las salidas de aire.

10. ¿El equipo "patrón" de una fábrica puede en algún caso ser calibrado por el propio Laboratorio'?
a) No
b) Sí

11. ¿Puede el Laboratorio emitir Certificados de Calibración?
a) No
b) Sí

12. ¿Es necesario calibrar los equipos de control?
a) No porque son de marca acreditada.
b) No porque tienen mejor precisión que la exigida en la aplicación.
c) Sí, porque con el uso y el tiempo se desgasta.

13. Los periodos de calibración se fijan con el siguiente criterio.

a) posibilidad de cumplir el programa de Calibración por parte del Laboratorio de Metrología.

b) en función del uso, calidad y deriva del equipo.

c) en función de las necesidades de paradas de producción para realizar el mantenimiento de máquinas.

14. Caso

En la industria ABC, S.A., se había realizado una Auditoría de Calidad, obteniendo una baja puntuación.

Una de las razones, o causas, fue un deficiente estado de la calibración.

Uno de los patrones, auditado, no tenía el certificado de calibración actualizado, no existían procedimientos de calibración de varios equipos y las etiquetas no reflejaban fecha alguna, ni citaban el número del informe de medición.

15. En el cálculo de incertidumbre de un equipo, en el Laboratorio de Metrología de la empresa ABC. S.A., se consideran componentes de tipo NO estático:

a) La incertidumbre del patrón.

b) La variación de la presión.

c) La variación de temperatura.

16. ¿Cuándo se debe multiplicar la desviación de una distribución por un factor de corrección?

a) Cuando se han hecho 12 medidas.

b) Cuando se han hecho 8 medidas.

c) Cuando se han hecho 4 medidas.

17. ¿Cómo se calcula la corrección en una serie de medidas repetidas?

a) Media menos valor nominal.

b) Valor máximo menos valor mínimo.

18. Ejercicio

Haga el cálculo de incertidumbre de un equipo que esté en el segundo nivel dentro del Plan de Calibración. La sala está acondicionada a 20 ± 1°C. Este equipo está calibrado por dos patrones (calibrados en el exterior) y un equipo de primer nivel.

19. Caso

En la zona de producción de la empresa ABC, S.A, la temperatura varía de 18 a 25°C a lo largo del día. El responsable de control envió un equipo dimensional a calibrar que le fue devuelto calibrado, indicándole que podía trabajar con este equipo en control de piezas que tuviesen una tolerancia superior a dos centésimas de milímetro. También se decía que la variación de temperatura del local no influía porque la corrección por este motivo era de dos milésimas de milímetro que se consideró despreciable comparado con las posibilidades del equipo

20. Para hacer un estudio RRC ¿Cuántos operarios son necesarios?

a) Dos o tres.

b) Más de tres.

21. ¿Qué diferencia hay entre Repetibilidad y Reproducibilidad?

a) Ninguna.

b) Reproducibilidad está hecha por diferentes usuarios o en diferentes momentos.

c) Que Repetibilidad está hecha con diferente equipo.

22. Para hacer un estudio de linealidad ¿Cuántos estudios de exactitud se deben realizar?

a) Uno.

b) Ninguno, no se pueden realizar   .

c) Dos o más.

23. Ejercicio

En la empresa ABC. S.A se recepciona un calibre y se envió a la línea de producción; no se hizo estudio de Capacidad Pasado un tiempo se detectaron problemas en esa línea, debido a un control deficiente Para aclarar las posibles causas se decidió hacer un estudio de Capacidad de los medios de control, con dos operarios y diez piezas Una vez realizado se comprobó que la repetibilidad y reproducibilidad eran malas.

24. ¿Cuál de las siguientes cantidades no corresponde a una unidad básica del Sistema Internacional?

a) Longitud.

b) Masa.

c) Carga eléctrica.

d) Tiempo.

e) Cantidad de sustancia.

25. El patrón de longitud (metro) más actual se define como:

a) Exactamente 1650763.73 veces la longitud de onda de la luz anaranjada emitida por el kriptón 86.

b) La distancia recorrida por la luz en el vacío durante un intervalo de tiempo de 1/299792458 de segundo.

c) La diezmillonésima parte de la distancia entre el polo norte y el ecuador a lo largo de la línea del meridiano que pasa por París.

d) Exactamente 1553163.5 veces la longitud de onda de la luz roja emitida por los átomos de cadmio.

26. ¿Qué cantidad en términos de unidades básicas es incorrecta?

a) Fuerza = kg m/s^2

b) Potencia = kg m^2/s^3

c) Trabajo = kg m^2/s^2

d) Presión = kg m/s^2

27. Encuentra la equivalencia incorrecta:

a) 9 hm = 9000 dm, 7 dam = 70000 mm, 8500 cm = 850 dm, 70300 mm = 7030 cm

b) 1 kL = 10 hL, 55 daL = 550 L, 8 cL = 80 mL, 6 mL = 0.6 cL, 955 dL = 9550 cL

c) 5 g = 0.005 mg, 456 mg = 0.456 µg, 23 Mg = 23000 kg 670000000 ng = 670 mg

28. ¿Qué equivalencia de volumen es incorrecta?

a) 10 cm^3 = 10 mL

b) 5000 L = 5 m^3

c) 1 cm^3 =10 mm^3

d) 1 dm^3 = 1 L

29. ¿Qué instrumento es discreto?

a) Termómetro clínico.

b) Balanza granataria.

c) Flexómetro.

d) Amperímetro analógico.

e) Vernier.

30. ¿Qué enunciado es incorrecto?

a) Un pH-metro analógico es un pH-metro de aguja.

b) Si un transportador tiene como mínima división de la escala 1°, entonces su incertidumbre absoluta es 0.5°.

c) Si un cronómetro digital tiene como mínima división de la escala 1 s entonces su incertidumbre es 0.5 s.

d) Si la densidad del agua es 1 g/cm3, entonces 1 kg tiene un volumen de 1 L.

e) Una pipeta volumétrica es un instrumento discreto.

31. Se dice que un instrumento es continuo cuando podemos interpolar la lectura en su escala. Considerando la mínima división de la escala (mde), la incertidumbre δX, es:

a) $\delta X = mde$

b) $\delta X = (mde) / 2$

c) δX (Xmáx-Xmín) / 2

d) $\delta X = $ desviación estándar de X

32. La masa de un cilindro metálico de 5 cm de diámetro y 32 cm de longitud es de 5.6 kg.

¿De qué metal está construido el cilindro?

a) Aluminio (2.7 g/cm^3)

b) Cobre (8.9 g/cm^3)

c) Hierro (7.7 g/cm^3)

d) Plomo (11.3 g/cm^3)

33. ¿Cuál es el significado del símbolo mks?, ¿y el del SI?

34. Completar la siguiente tabla de unidades básicas utilizando el Sistema Internacional:

Cantidad	Dimensión	Nombre	Símbolo
Corriente eléctrica	I	Ampere	
Metro			m
Masa	M	Kilogramo	
Tiempo			
Temperatura termodinámica	Θ	Kelvin	
Candela		Candela	cd
Cantidad de sustancia		Mol	

35. ¿Qué es un mol?

36. Clasificar los siguientes instrumentos como continuos o discretos:

a) Multímetro de aguja

b) Cronómetro digital

c) Balanza granataria

d) Cinta métrica

e) Transportador

f) pH-metro analógico

g) Probeta graduada

h) Pipeta volumétrica

i) Espectrofotómetro de aguja

j) Fuente de poder digital

k) Termómetro de mercurio

l) matraz aforado

37. Asociar la incertidumbre absoluta a cada uno de los instrumentos del problema anterior, si la mínima división de la escala de cada uno es:

a) 0.01V

b) 0.01s

c) 0.01g

d) 1 mm

e) 1°

f) 0.1

g) 1 mL

h) capacidad de 5 mL

i) 1 % de transmitancia

j) 1 mA

k) 1 °C

l) capacidad de 100 mL

38. ¿Cómo mediría la oscuridad de una habitación? Proponga un patrón para medirla, de preferencia en el Sistema Internacional de Unidades.

39. Un vehículo se mueve a 97 km/h. Expresar esta velocidad en m/s.

40. Expresar la cantidad de 23.8 kg^2m^2/s en unidades de g^2cm^2/s.

Ejercicios y problemas 2

1. ¿Qué es la metrología dimensional?

a) La ciencia que habla de las dimensiones de los metros.

b) La ciencia que estudia la lógica de las medidas exactas.

c) La ciencia que estudia la medición, desde el punto de vista de las dimensiones, y las técnicas precisas para realizarlas.

2. La precisión de un nonius, depende de:

a) Número de divisiones del mismo, y del valor en que se encuentre graduada la regla a la cual se aplica.

b) De que las divisiones de la regla sean muchas y muy pequeñas.

c) De las dimensiones de la pieza que vayamos a medir.

3. ¿Qué calibre será más exacto entre los que tienen los siguientes nonius? 1/10, 1/20, 1/50.

a) El de 10 divisiones.

b) El de 20 divisiones.

c) El de 50 divisiones.

d) Todos son igual de exactos.

4. La medida que va grabada en los bloques patrón de cualquier magnitud indica:

a) La medida nominal.

b) La medida real

c) La medida máxima.

5. ¿Los proyectores de perfiles pueden medir en la dirección normal a la mesa de soporte universal?

a) Si

b) No.

6. Esta Vd. trabajando con un tubo autocolimador y ha calculado varias desviaciones. En el cálculo ha influido:

a) La distancia del equipo al espejo reflector,

b) La distancia focal.

7. En un círculo graduado qué tipo de errores se puede presentar:

a) De posicionamiento de los trazos.

b) De excentricidad de centro de giro del disco y centro geométrico teórico.

8. El tamaño de la burbuja de un nivel, varía si es invierno o verano

a) Sí.

b) No.

9. Para materializar un ángulo, los bloques patrones angulares se componen de forma semejante a los longitudinales. Existe alguna diferencia.

a) Sí,

b) No,

10. Ejercicio

En la empresa ABC, S.A. se había comprobado siempre los platos divisores, con bloques patrón angulares; siendo el trabajo muy lento y de gran dificultad, el metrólogo después de asistir a un cursillo de Metrología propuso la adquisición de un polígono óptico de 12 caras, para solucionar este problema adecuadamente, haciendo el trabajo más rápido y con una mejor precisión.

El equipo se compró y los resultados fueron muy satisfactorios.

11. En una rosca hay diferencia numérica entre Paso y Avance.

a) Si

b) No

12. Cuánto avanzará un tornillo de 1mm de paso al darle 1/2 vuelta?

a) 0'5 mm

b) 1 mm

13. El ángulo de rosca es doble del ángulo de flanco.

a) Si

b) No

14. Se ha medido un diámetro de flancos con varillas.

a) El diámetro de las varillas debe ser idéntico.

b) Se utilizan varillas con una diferencia de diámetros inferior a 0,0002mm

15. En un engranaje e! espesor y el intervalo deben tener el mismo valor.

a) Sí.

b) No.

16. ¿Cómo es más correcto medir el espesor de un diente?

a) En un sólo diente.

b) Entre K dientes.

17. En una rueda el falso redondo vale X ¿Cuánto vale la excentricidad? (Cálculo aproximado)

a) 2 X

b) ½ X

18. Para dibujar el perfil de un diente se necesita conocer el diámetro base. Para calcularlo Vd. necesita saber el valor de:

a) Ángulo de presión y modulo

b) Módulo y diámetro primitivo.

c) Diámetro primitivo y ángulo de presión.

19. Ejercicio

En la Empresa ABC, S A. se ha recibido una partida de engranajes, que deben ser recepcionados. La Sección de Recepción ha hecho un muestreo de piezas y después de medirlas ha emitido un informe indicando que el espesor del diente está fuera de tolerancia y la decisión tomada es devolver la partida. El Departamento de Compras transmite esta información a la Empresa que fabricó la pieza.

El fabricante después de estudiar el informe, y hacer una serie de comprobaciones en las piezas devueltas, decide visitar la Empresa ABC, S.A. para tratar de este asunto, y sobre iodo analizar las mediciones realizadas.

En la reunión se encontró el motivo del problema La medición se había realizado en un diente de cada rueda, pero tomando como referencia el diámetro de la cabeza; que estaba fuera de tolerancia, sin afectar al funcionamiento. El metrólogo era un hombre nuevo en la sección, bastante inexperto y no bien formado.

20. La utilización de diferentes valores de filtros eléctricos puede modificar el valor del parámetro

en estudio.

a) Sí.

b) No.

21. Una señal no quedaría bien caracterizada con un parámetro, en vez de utilizar varios.

a) Sí

b) No.

22. En una superficie que se está estudiando ¿Cuándo se considera que el defecto es error de forma?

a) A simple vista

b) Cuando la relación entre longitud y amplitud es > 1000.

23. Conocido el valor de Ra de una pieza se puede calcular el R2 o viceversa

a) Sí.

b) No.

24. Ejercicio

En la empresa ABC, S.A. la calibración del rugosímetro se hizo con un patrón de una ranura, las piezas controladas con este equipo fueron rechazadas. El motivo fue que el patrón utilizado sirve sólo para la puesta a cero del equipo, no comprueba el circuito de medida, ni los circuitos calculadores.

¿Qué patrón o patrones utiliza Ud. para calibrar su equipo?

25. ¿se pueden medir presiones con manómetros recién comprados o en buen uso, pero sin calibrar?

a) Sí.

b) No.

c) Depende del tipo de manómetro.

d) Depende la precisión y la importancia de la medida.

26. ¿Existe un vacuómetro que cubra todo el rango de presiones de vacío?

a) Sí.

b) No.

c) Los del tipo PIRANI.

d) Espectrómetros de masas.

27. Con un manómetro de presión relativa no se puede medir.

a) Alturas con respecto al mar.

b) Presiones de Vacío.

c) Presiones de Vacío y Barométricas.

d) Altas presiones

28. Ejercicio

El caso real consiste en el dilema que tienen los técnicos que trabajan con vacuómetros cuando no necesitan realizar de vacío de gran precisión de vacío sino una certeza de que su vacío es mejor que un valor determinado.

Algunos son reticentes a calibrar los vacuómetros (llegan a decir que 'sería matar moscas a cañonazos').

Por otra parte, los medidores de vacío del tipo PIRANI suelen trabajar en atmósferas muy sucias y contaminantes, ya que bien se utilizan para comprobar que se ha limpiado una atmósfera de algún producto raro o posteriormente se le añaden vapores de algún agente contaminante.

Los vacuómetros son unos aparatos muy sensibles y sus sensores deben estar perfectamente limpios ya que leen pequeñas variaciones en las moléculas de los gases y los traducen en lecturas de presiones.

En la práctica las atmósferas de vapores contaminantes envenenan de tal forma los filamentos de los vacuómetros del tipo PIRANI, que hace necesario su ajuste y calibración periódicamente, así como la sustitución de su filamento.

29. ¿Cuál es la temperatura en grados Celsius, correspondiente a 293,15 °K?

a) 293,15° C

b) 20° C

30. Para medir una temperatura con termómetro de vidrio, la inmersión debe ser:

a) Completa

b) Total

c) Parcial

31. En un termopar la unión caliente está a 130° C y la unión fría conectada al aparato de medida 40° C. ¿Qué temperatura marcará el aparato?

a) 130° C

b) 90° C

32.En las resistencias termométricas industriales, los materiales más utilizados son:

a) Platino

b) Manganina

c) Níquel

d) Cobre

33. Una medida reproducible es:

a) La que se repite muchas veces.

b) La que tiene un intervalo de variación menor o igual a su incertidumbre absoluta.

c) La que se hace con un método sencillo.

d) La que tiene un intervalo de variación mayor que su incertidumbre absoluta.

34. Es una medición no reproducible:

a) La masa de una persona.

b) La longitud de la portada de un cuaderno.

c) La temperatura de ebullición del agua.

d) El período de oscilación de un péndulo.

35. Una medición indirecta se obtiene:

a) De la lectura de un aparato de medición.

b) A partir de una relación matemática entre diversas medidas.

c) De repetir varias veces la medida.

d) Observando en forma perpendicular a la escala de medición.

36. ¿Cuál de las siguientes mediciones es directa?

a) El índice de refracción con un prisma.

b) La medición de la resistencia con un multímetro.

c) El coeficiente de fricción de la madera.

d) El crecimiento de bacterias en un cultivo.

37. Al realizar un experimento para encontrar una relación entre la masa y el volumen de piezas de aluminio de diferentes tamaños, se midió la masa de cada pieza con una balanza granataria y el volumen por el agua desplazada en una probeta graduada en mL.
¿Es la probeta un instrumento continuo o discreto? ¿Y la balanza granataria?

38. Si la mínima graduación de la escala de una regla, el pie de rey y el palmer son 1 mm, 0.01 cm y 0.001 cm, respectivamente. ¿Qué aseveración es correcta?

a) El palmer es un instrumento con mayor resolución que el pie de rey y éste con mayor resolución que la regla.

b) El palmer es un instrumento más preciso que el pie de rey y éste es más preciso que la regla.

c) El palmer es un instrumento más exacto que el pie de rey y éste es más exacto que la regla.

d) El palmer es un instrumento con menor sensibilidad que el pie de rey y éste con menor sensibilidad que la regla.

39. Tres estudiantes determinan la masa de una pieza de cobre cuya masa real es de 2.000 g. Los resultados de dos mediciones sucesivas hechas por cada estudiante son:

Estudiante A	Estudiante B	Estudiante C
1.964 g	1.972 g	2.000 g
1.978 g	1.968 g	2.002 g
1.971 g	1.970 g	2.001 g

Indicar que aseveración es falsa:

a) Los resultados de estudiante B son más precisos que los del estudiante A.

b) Ninguno de estos conjuntos de resultados es exacto.

c) Los resultados del estudiante C son los más precisos y los más exactos.

d) Los resultados del estudiante A son más precisos que los del estudiante B.

e) los resultados de los estudiantes A y B no son precisos

40. ¿El número de mililitros en un metro cúbico de agua es una medida exacta o no exacta?

41. La incertidumbre de un tornillo micrométrico cuyo paso de rosca es de 1/2 mm y cuya cabeza está dividida en quinientas partes es:
a) 0.0005 mm
b) 0.0001 mm
c) 0.01 mm
d) 0.001 mm

42. ¿Cuál de los enunciados es falso?
a) Los valores precisos pueden ser inexactos.
b) Los errores indeterminados se pueden suprimir por medio de la calibración.
c) Un método de medida es más sensible cuando menor incertidumbre posee el instrumento de medición.
d) Se comete un error sistemático al utilizar un reactivo que contiene un poco de la sustancia que se va a determinar.
e) Dos de los enunciados son falsos.

43. Una regla defectuosa acarrea error en:
a) La precisión.
b) La sensibilidad.
c) La resolución.
d) La exactitud.

44. En error sistemático se caracteriza porque:

a) Se comete siempre y no puede corregirse.

b) Se comete al medir una magnitud que cambia con factores externos.

c) Tiene variaciones impredecibles.

d) Es predecible, constante y puede corregirse.

45. Se lleva a cabo un error aleatorio en la medición cuando:

a) Se ajusta mal el cero del espectrofotómetro.

b) Se calibra el pH-metro con un estándar pasado de caducidad.

c) Esta corroído el platillo de la balanza granataria.

d) Se usa un tornillo micrométrico que se ha desajustado por una caída.

e) Se utiliza un transportador cuyas líneas están desgastadas.

f) Hay una fluctuación de la diferencia de potencial en una fuente de poder por cambio de temperatura ambiental.

46. Clasificar las siguientes mediciones como directas o indirectas:

a) El volumen de una canica.

b) El tiempo de una oscilación de un resorte.

c) El tamaño de una molécula.

d) El área de un terreno.

e) La masa de una moneda.

f) La aceleración de la gravedad.

g) La distancia de la Tierra al Sol.

h) La temperatura de una botella de agua.

i) La densidad de un sólido.

j) El ángulo de un triángulo.

k) La altura del monte Everest.

l) El diámetro de una pluma.

m) La masa de la Tierra.

n) La viscosidad de un fluido.

o) El coeficiente de fricción entre dos sólidos.

p) El radio del átomo de hidrógeno.

47. Para determinar el perímetro de una circunferencia se tiene una cuerda y un flexómetro.
Describir la forma de obtenerlo usando una medición indirecta.

48. ¿Cuál es la diferencia entre exactitud y precisión?

49. Un miliamperímetro de 0-1 mA tiene 100 divisiones, las cuales pueden ser fácilmente leídas.
¿Cuál es la resolución del instrumento?

50. Colocar en orden creciente de resolución los siguientes instrumentos:
Una bureta de 25 mL,
Un vaso de precipitados de 250 mL,

Una pipeta graduada de 1 mL y

Una probeta de 25 mL.

51. Para determinar hierro en una muestra un químico experimentado encuentra que el volumen gastado de permanganato de potasio es de 5.1 mL. Si los resultados de tres mediciones sucesivas de cuatro estudiantes, que efectúan sus primeras titulaciones, son:

Estudiante A	Estudiante B	Estudiante C	Estudiante D
4.5 mL	5.3 mL	5.1 mL	4.5 mL
4.6 mL	4.8 mL	5.0 mL	5.8 mL
4.5 mL	5.0 mL	5.1 mL	5.4 mL

¿Qué se puede mencionar acerca de la precisión y la exactitud de cada uno de los estudiantes?

52. Ordenar de mayor a menor sensibilidad las medidas realizadas con los siguientes aparatos:

Una regla dividida en milímetros, un cronómetro que aprecia quintos de segundo y una balanza al miligramo, cuando se miden respectivamente, 20 cm, 20 s y 20 g.

53. ¿Cuál sería la sensibilidad de la medición con la regla, sí la longitud medida en vez de 20 cm fuera de 100 cm?

54. Indicar cuáles de los siguientes enunciados son números exactos:

a) El número de microsegundos que hay en una semana.

b) El área superficial de una moneda.

c) El número de pulgadas que hay en una milla.

d) La masa de una canica.

e) El número de páginas que tiene un libro.

55. Mencionar dos ejemplos de errores aleatorios.

56. El tiempo de la caída de un objeto en un plano inclinado es de 1.69 s. Si se utilizó un cronómetro que se adelanta 0.1 s en cada minuto.

a) ¿Qué tipo de error se comete en la medición?

b) ¿Cuál es el valor corregido de la medición?

Ejercicios y problemas 3

1. ¿Cuál es el elemento fundamental de un osciloscopio?:

El amplificador vertical.

El alternador vertical.

El tubo de rayos catódicos.

El apantallamiento del mueble.

2. ¿Qué significa "frecuencia de barrido"?:

Las veces que se limpia la pantalla al mes.

La frecuencia de la magnitud a estudiar en el osciloscopio.

Las veces por segundo que la base de tiempos (oscilador).

emite una señal en diente de sierra.

3. Con un osciloscopio, se podría medir:

¿Ciclos de histéresis magnética?

¿Tensiones eléctricas periódicas con onda cuadrada?

¿Calentamientos de piezas a las que se han aplicado termopares?

¿Tensiones eléctricas continuas?

Todas ellas.

4. ¿Qué es la sensibilidad de un osciloscopio?:

El mayor o menor brillo del "spot" luminoso sobre la pantalla.

La razón entre el grueso (en mm) del trazo en la pantalla y la tensión de entrada al borne de medida.

La rapidez en m/ps con que se mueve el haz luminoso en la pantalla del osciloscopio.

La razón entre la longitud (i, en mm) de un desplazamiento vertical en la pantalla, producido por la aplicación de una tensión (U, en voltios) directamente en las placas del tubo' $s = l/U$.

5. ¿Qué diferencia existe entre un osciloscopio y un oscilógrafo?:

Ninguna.

El primero se basa en los rayos catódicos y el segundo en la acción de una plumilla, electrodo, chorro, etc. sobre un papel que se desplaza o no simultáneamente.

El primero lo utilizan solamente los especialistas en electrónica y el segundo los mecánicos y acústicos.

6. Para determinar cuantitativamente la calidad de una medición conviene usar:

a) La marca del aparato de medición.

b) La incertidumbre absoluta.

c) La resolución del instrumento.

d) La incertidumbre relativa o porcentual.

7. ¿Cuáles de las siguientes magnitudes tienen incertidumbre?

a) La cantidad de estudiantes en un salón.

b) La temperatura de la superficie del Sol.

c) La resistencia de un alambre.

d) El número de milímetros en un metro.

e) La altura de una persona.

f) El número de llantas que usa un tráiler.

g) La masa de una moneda.

h) El número de hojas de un libro.

8. Indicar si las siguientes afirmaciones son verdaderas o falsas.

a) La incertidumbre absoluta es el intervalo alrededor del valor central de una medida, dentro del cual estamos seguros de que se encuentra el valor real de dicha medida.

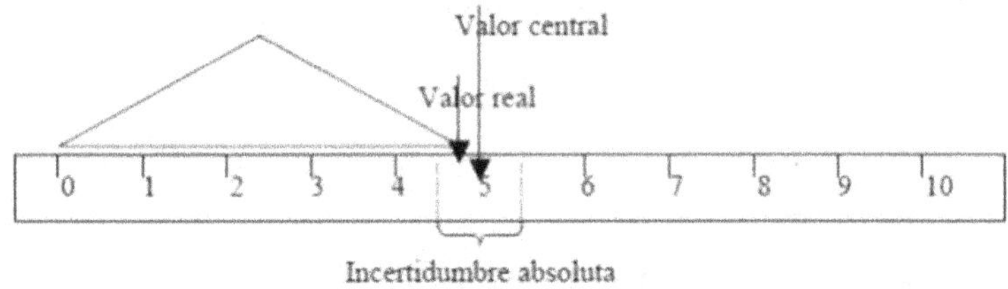

b) Se dice que una medida es no-reproducible o aleatoria si al medirla repetidas veces las variaciones de los valores no sobrepasan el intervalo de incertidumbre absoluta estimado alrededor de un valor central.

c) Si un aparato es continuo la incertidumbre absoluta asociada a las medidas realizadas con ese aparato es igual a la división mínima de la escala.

d) Si una medida es no-reproducible se le asigna el valor central igual al valor promedio de las observaciones y su incertidumbre absoluta será δx = máx. {x-xmín, x-xmáx}.

e) La regla y el vernier son instrumentos continuos.

f) La regla al milímetro tiene menor resolución que el vernier.

11. Mediante una regla dividida en milímetros se mide el diámetro de una circunferencia que es de 10 cm. ¿Qué incertidumbre relativa tiene el diámetro?

a) 0.05

b) 0.005

c) 0.01

d) 0.1

12. ¿Qué incertidumbre porcentual se comete al medir una longitud de 2,50 cm con un vernier que aprecia 1/20 mm?

a) 0.05 mm

b) 2 %

c) 0.1 %

d) 0.2 %

13. ¿Cuál es la incertidumbre porcentual mínima y máxima que se puede cometer con un óhmetro digital cuya resistencia máxima es de 1 kΩ, si aprecia centiohms?

a) mín = 0.001 % y máx = 100 %

b) mín = 10 % y máx = 100%

c) mín = 1 % y máx = 100 %

d) mín = 100 % y máx = 0.001 %

14. ¿Cuál es la incertidumbre porcentual que comete un comerciante al pesar 1 kg de azúcar, si su balanza de aguja tiene graduación mínima de 1 hectogramo?

a) 0.001 %

b) 0.0005 %

c) 10 %

d) 5 %

15. Al leer con un cronómetro digital con una graduación mínima de 1 ms, ¿Cuál es el tiempo más pequeño que se puede medir para que la incertidumbre porcentual no exceda el 1 %?

a) 50 ms

b) 0.005 s

c) 100 ms

d) 0.01 ms

16. Cierto experimento requiere medir un ángulo con una incertidumbre porcentual menor que 9 %.

Indicar si un estudiante cumple dicha aseveración, al medir 10° con un transportador que tiene una graduación mínima de 1°.

17. ¿Quién tiene una mayor incertidumbre relativa en su edad: un niño con 1 año de edad o un papá de 20 años?
a) El niño
b) El papá
c) Se requiere saber más datos

18. ¿Qué incertidumbre porcentual se comete al medir un intervalo de tiempo de 5 minutos con un cronómetro digital que aprecia 1/5 de segundo?
a) 1/5 s
b) 0.033 %
c) 0.067 %
d) 4 %

19. Un método particular de análisis proporciona una masa de 0.5 g que está aumentada en 0.4mg. El error relativo causado por esta masa es:
a) 0.8
b) 0.0004
c) 0.0008
d) 0.04 %

20. Mediante una regla dividida en milímetros se mide el diámetro de una circunferencia que es de 7 cm. ¿Qué incertidumbre relativa se cometerá al calcular su área?

a) 0.014

b) 0.028

c) 1.4 %

d) 2.8 %

21. Se mide una longitud de la cual se está seguro que es mayor a 154.4 cm y menor a 154.8 cm. Escribir este valor como un valor central L ± incertidumbre.

22. Un reloj digital marca las 14:15 h. Determinar la incertidumbre absoluta de la medida.

23. Al medir 10 periodos de oscilación de un péndulo se tiene que 10T = 2.30 s. Sabiendo que se usó un cronómetro que se adelanta 0.1 s en cada minuto: ¿Qué tipo de error tiene la lectura?

24. ¿Cuál es la distancia que se puede medir con una regla de 30 cm graduada en milímetros para que la incertidumbre porcentual sea igual al 1%?

Casos prácticos con solución

Ejemplo 1

Supongamos que un producto tiene que conservarse a -60°C, y que la tolerancia es de ±5°C. Y que por otro lado tenemos el termómetro cuya incertidumbre expandida es ±2°C.

¿Se puede utilizar este termómetro para controlar la temperatura de un proceso?

Solución

El criterio habitual es exigir que la incertidumbre expandida sea de 3 a 10 veces más pequeña que la tolerancia admitida. Así que en este caso la respuesta es no.

Ejemplo 2

En una empresa de pastelería industrial, y para asegurar el control de los dispositivos/equipos de medición se ha implantado actuaciones de calibración y verificación.

Es decir, se han comprado patrones calibrados (termómetro, juegos de masa) y a partir de ellos se verifican los restantes equipos.

Solución

De los equipos calibrados conocemos su incertidumbre, ¿Pero es necesario determinar la incertidumbre de los equipos que verificamos, o con solo asegurarnos de que las mediciones del equipo verificado cumplen con su criterio de aceptación/rechazo es suficiente?

¿El criterio de aceptación/rechazo es lo mismo que la incertidumbre?

En los hornos con temperaturas entre 100 - 200 °C que resultaría más eficaz y económico calibrar o verificar externamente, o comprar termómetro calibrado.

Respecto a la relación entre incertidumbre y tolerancia:

El primer paso para establecer un sistema de medición es definir las tolerancias del proceso. Cogiendo el tema del horno como ejemplo, en el proceso de cocción los parámetros clave del proceso son el tiempo y la temperatura.

¿Qué tolerancia admite el proceso de cocción en estos parámetros? (me inventaré los datos)

Imaginemos que estamos hablando de cocer barras de pan, y que la tolerancia admisible es:

Tiempo de cocción: 10 min ±1 minuto

Temperatura: 240 °C ±10°C ±1 minuto y ±10°C serían las tolerancias del proceso, esto es lo primero que hay que determinar.

Con estas tolerancias se está exponiendo que toda barra de pan cocinada entre 230°C y 250°C, y durante un intervalo de 9 a 11 minutos saldrá buena.

2 paso:

Se debe encontrar un equipo de medición que sea capaz de asegurar que todas las barras de pan han sido cocinadas dentro de los límites establecidos.

Los equipos de medición no son perfectos. El fabricante no te puede asegurar que las mediciones arrojen valores exactos, pero lo que sí te puede asegurar es que el valor real de aquello que estás midiendo está muy probablemente dentro de un rango de valores expresado por la incertidumbre.

La incertidumbre de la medida es el valor de la semiamplitud de un intervalo alrededor del valor resultante de la medida (valor convencionalmente verdadero).

Dicho intervalo representa una estimación de una zona de valores entre los cuales es "casi seguro" que se encuentre el valor verdadero del mensurando.

El certificado de calibración de un equipo indica la incertidumbre del equipo, sea grande o pequeña. Tomando el caso de un termómetro, si lo envías a calibrar te devolverán el equipo con un informe que establecerá su incertidumbre.

Supongamos que la incertidumbre del termómetro es de: ±2°C (un termómetro bastante malo).

Ahora la pregunta es: ¿Puedo utilizar mi termómetro para controlar el proceso de cocer barras de pan?

Un criterio habitual es establecer el criterio de aceptación de un equipo cuando su incertidumbre es de 3 a 10 veces menor que la tolerancia de la variable que se va a medir (esto es válido siempre que no haya otros factores que puedan añadir errores durante el proceso de medición).

Para el ejemplo que nos ocupa, como la tolerancia es de 10°C podemos aceptar equipos cuya incertidumbre sea inferior a 10/3°C (±3.33°C) en el caso menos riguroso o inferior a 10/10°C (±1°C) en el caso más riguroso.

Como nuestro equipo tiene una incertidumbre de ±2°C, si escogiéramos el criterio más riguroso no podríamos utilizar el termómetro, y lo podríamos utilizar en caso contrario.

Los termómetros "reales" suelen ofrecer una incertidumbre mucho menor que la que he tomado de ejemplo. Si hiciéramos la misma experiencia con el parámetro tiempo, la exageración en la incertidumbre de un reloj debería ser aún mucho mayor. Esta es la razón de que en un proceso de estas características no sea necesario someter los relojes a ningún control especial.

La solución más económica y factible es que comprar un termómetro calibrado cuya incertidumbre sea compatible con la tolerancia del proceso.

Con la compra del termómetro calibrado se tendrá un equipo de medición con el cual contrastar los resultados de los otros termómetros.

Por las características del proceso no se debe aspirar a montar un laboratorio que permita determinar la incertidumbre de los termómetros, basta con realizar contrastaciones sencillas, utilizando como criterio que sea compatible con la tolerancia del proceso.

Ejemplo 3

Tenemos un termómetro patrón calibrado a 3 temperaturas, con los siguientes datos:

Termómetro	Corrección	Incertidumbre
15	0.0	± 0.9
24	1.0	± 0.9
29	1.0	± 0.9

Los rangos de trabajo son de 20°C ± 5

Consulta

El criterio de aceptación seria máximo ±1.66 y reducida ±1,00 Al momento de hacer la verificación de otros termómetros que no estén calibrados cuales serían mi criterio de aceptación, ¿El error y el resultado de mi termómetro a verificar versus el patrón?

¿Podría verificar mis otros termómetros solo sacando el factor de corrección del patrón y el termómetro a verificar?

Mi deseo es en base al termómetro patrón calibrado, verificar los otros termómetros que tengo.

Solución

1.- La tolerancia de tu proceso es ±5°C

2.- La incertidumbre del termómetro calibrado es ±0.9°C

De esto se deduce que la incertidumbre "cabe" 5.5 veces dentro de la tolerancia del proceso. Si tenemos en cuenta que el criterio habitual para aceptar un equipo se sitúa entre 3 y 10, nuestro resultado está del lado menos exigente.

Cuando calibras un equipo, uno de los parámetros de entrada es la incertidumbre del patrón utilizado. En tu caso, a los resultados de la verificación deberías sumar además la incertidumbre del equipo que estás utilizando para contrastarlo. Si la incertidumbre de nuestro "patrón" es ±0.9, y consideramos que el resultado de nuestra verificación es otro tanto similar (±0.9), nos plantaríamos con una incertidumbre de 1.8, que viene a ser 2.77 veces más pequeño que nuestra tolerancia de proceso (5°C), por debajo de 3.

El criterio para aceptar un equipo contrastado debería ser del tipo:

Aceptamos si: Incertidumbre del equipo calibrado + incertidumbre calculada por nosotros > 5/3 = 1.66 (Tolerancia/3 --> criterio menos exigente).

Donde:

Incertidumbre (expandida) calculada por nosotros = k * (Desv. Std. de los resultados).

k es el índice de cobertura, el cual, considerando que la distribución del error es normal, para k= 2 nos da un 95% de confianza.

Calcular la desviación estándar del error en termómetros es muy laborioso porque tendrías que realizar varias mediciones, y cada una lleva su tiempo.

Lo que puedes hacer es probarlos todos a la vez, y en vez de calcular la desviación estándar tomar el mayor de los errores observados (esto nos pone del lado de la seguridad).

La sobrestimación del error puede producir resultados no conformes para tus termómetros (por lo apretado de la situación), aunque es probable que los errores que observes no superen 0.9°C, ya que es este valor tiene en cuenta la incertidumbre del patrón que han utilizado para calibrarlo.

Ejemplo 4

Se han tomado unas medidas de una báscula tomando como patrón un equipo y quiero saber cómo se haya la desviación frente al patrón y como se si se encuentra dentro del criterio de aceptación.

¿Qué operación hay q hacer?

Ejemplo:

Medida del patrón: 0.600 kg

Medida del equipo: 0.604 kg

Desviación con respecto al equipo: 0.004kg ¿es correcto?

Criterio de aceptación es de +- 0.5%

Solución

Si el patrón tuviera una masa de 100kg, con un criterio de aceptación del +-0.5% deberíamos aceptar resultados entre 100.5kg y 99.5kg.

El 1% de 100 es 1, y el 0.5% de 100 es 0.5 (100*0.5/100).

Ahora bien, si tenemos un patrón de 0.6kg, tenemos que calcular el 0.5% de 0.6. Para ello haremos: 0.6*0.5/100 = 0.003.

El criterio de aceptación rechazaría este equipo, siempre que antes se haya ajustado correctamente a 0.

Criterio de aceptación: 0.6 ±0.003

Se aceptaría un equipo que diera una medida entre 6.003 y 5.997.

En este caso ha dado 6.004, así que no cumple.

Ejemplo 5

Calibración de un micrómetro

El ejercicio consiste en realizar la calibración de un micrómetro de exteriores de las siguientes características:

MARCA: TESA.

MODELO: TESAMASTER.

N° DE REFERENCIA ENSB: 08/5310/0012/3

DIVISIÓN DE ESCALA: 0,001 mm.

CAMPO DE MEDIDA: 0 a 25 mm

Normalmente se calibran dos puntos de la escala de medida de valores nominales 10 y 20 mm, pero en el ejemplo, solamente se calibrará en la medida de 10, por ser el mismo método.

Io = (0,5+0,01 L) µm

Patrón

Se calibra con un juego de bloques patrón de calidad 2, cuya incertidumbre según norma UNE es:

Siendo:

L = Longitud del patrón en mm = 10 mm

Para calcular la varianza del patrón utilizaremos la expresión:

$$So = Io / k \ (k=2)$$

$$Io = (0,5+0,01*10) = (0,5+0,1)= 0,6 \ µm$$

$$So = Io/k = 0,6/2 = 0,30 \ µm$$

Calibración

Se mide 10 veces el bloque patrón con el instrumento, obteniéndose las medidas que aparecen en la tabla siguiente.

Con ellas, se calcula la media, la varianza de calibración y la corrección de la calibración, aplicando las fórmulas tal y como se indica:

Tabla de valores (Xo = 10 mm)

	X_1 (mm)	Desviación X_o-X_1 (μm)	$|X_1 - \overline{X}|$	$|X_1 - \overline{X}|^2$
1	9,998	+2	8 10^{-4}	6,4 10^{-7}
2	9,999	+1	2 10^{-4}	4 10^{-8}
3	9,999	+1	2 10^{-4}	4 10^{-8}
4	9,999	+1	2 10^{-4}	4 10^{-8}
5	9,998	+2	8 10^{-4}	6,4 10^{-7}
6	9,999	+1	2 10^{-4}	4 10^{-8}
7	9,999	+1	2 10^{-4}	4 10^{-8}
8	9,999	+1	2 10^{-4}	4 10^{-8}
9	9,999	+1	2 10^{-4}	4 10^{-8}
10	9,999	+1	2 10^{-4}	4 10^{-8}
	99.988	+12		1,6 10^{-6}

$$\overline{X} = \frac{99{,}988}{10} = 9{,}9988$$

$$\overline{\Delta X_c} = \frac{12}{10} = 1{,}2$$

$$\overline{\Delta X_c} = X_o - \overline{X} = 10 - 9{,}9988 = 1{,}2 \cdot 10^{-3}$$

$$S_c^{\,2} = \frac{\Sigma (X_{c(i)} - X_c)}{N_c - 1} = \frac{1{,}6 \cdot 10^{-6}}{10 - 1} = 1{,}77 \cdot 10^{-7}$$

$$S_c = \sqrt{1{,}77 \cdot 10^{-7}} = 4{,}2 \cdot 10^{-4}\ mm = 0{,}42\ \mu m$$

Medida

Se realiza la medida una vez (n = 1).

Teniendo en cuenta estos tres factores (patrón, calibración y medida), la incertidumbre total será igual:

$$I = \pm \sqrt{I_o^{\,2} + k^2\, S_c^{\,2} \left(\frac{1}{N_c} + \frac{1}{n} \right)} \qquad con\ k = 2$$

$$I = \pm \sqrt{0{,}6^2 + 2^2 \cdot 0{,}42^2 \left(\frac{1}{10} + \frac{1}{1} \right)} = 1\ \mu m$$

Si se tiene en cuenta la corrección de calibración:

$$I = \pm \sqrt{I_o^2 + k^2 S_c^2 \left(\frac{1}{N_c} + \frac{1}{n}\right) + \Delta\overline{X}_c^2}$$

Sustituyendo queda:

$$I = \pm \sqrt{0{,}6^2 + 2^2 \cdot 0{,}42^2 \left(\frac{1}{10} + \frac{1}{1}\right) + 1{,}2^2} = 1{,}6\,\mu m$$

Lo cual permite concluir diciendo, que, si se hace una medida cercana al punto 10mm, por ejemplo, y se obtiene como valor 10,54, el valor real será:

$$10{,}54 \pm 0{,}0016 \text{ mm}$$

Ejercicios finales

1. Hemos realizado una medida de longitud con una cinta métrica y nos ha dado 2,34 m.

De las afirmaciones que se dan relacionadas con esta medida, ¿Cuál es correcta?

a) La precisión de esta cinta métrica se encuentra en los centímetros.

b) La precisión de esta cinta métrica se encuentra en los decímetros.

c) La precisión de esta cinta métrica se encuentra en los metros.

Solución a)

2. Sigamos con el ejemplo anterior en el que habíamos realizado una medida de longitud con una cinta métrica y nos había dado 2,34 m.

¿Cuál debería ser la incertidumbre del aparato de medida (cinta métrica)?

a) La incertidumbre estaría en los metros.

b) La incertidumbre estaría en los decímetros.

c) La incertidumbre estaría en los centímetros.

d) La incertidumbre estaría en los milímetros.

Solución c)

3. Error sistemático es

a) Debido a causas imposibles de controlar

b) Tienen que ver con la forma de realizar la medida

Solución b)

4. Error paralaje de medida es:

a) Error sistemático por mirar oblicuamente sobre la escala

b) Error sistemático debido a un problema de ajuste

Solución a)

5. Son correctas las expresiones:

a) Error absoluto   x(i) - x(real)

b) Error relativo [x(i) - x(real)] / x(real)

Solución d)

a) Solo la a) es correcta

b) Solo la b es correcta

c) Ninguna es correcta

d) Las dos son correctas

6. Indica el número de cifras significativas de las medidas indicadas en la columna de la izquierda:

a) 12,00 m

b) 0,765 g

c) 0,0730 s

Solución

a) 4

b) 3

b) 3

7. Escribe en cada recuadro las sucesivas cifras que aparecen al redondear el número 3,4536772 hasta las unidades:

a) Primer resultado…………………………..

b) Primer resultado…………………………..

c) Primer resultado…………………………..

d) Primer resultado…………………………..

e) Primer resultado…………………………..

f) Primer resultado…………………………….

g) Primer resultado…………………………..

Solución

a) 3,453677

b) 3,45368

c) 3,4537

d) 3,454

e) 3,45

f) 3,5

g) 4

8. Medidas experimentales

a). Se tomará como (1)_________________ (que se acerca al valor exacto o real) la (2)_________________ de los resultados.

b). Si el valor considerado como real es de 3,6 kg y una de las medidas realizadas era de 3,5; el error absoluto es (3)_________________

c). El error relativo de la pregunta anterior es de (5)_________________ , en tanto por ciento (7)_________________

-0,028 adimensional

-0,1 kg

-2,8 media aritmética valor real

Solución

a). Se tomará como valor real (que se acerca al valor exacto o real) la media aritmética de los resultados.

b). Si el valor considerado como real es de 3,6 kg y una de las medidas realizadas era de 3,5; el error absoluto es -0,1 kg.

c). El error relativo de la pregunta anterior es de -0,028 (adimensional), en tanto por ciento -2,8

9. Durante la realización de una medición intervienen una serie de factores que determinan su resultado:

¿Qué factores influyen en el resultado de la medición?

a. El objeto de medición.

b. El procedimiento de medición.

c. El instrumento de medición.

d. El ambiente de medición.

e. El observador.

f. El método de cálculo.

g. Todos son correctos

Solución

g.)

10. ¿Es la incertidumbre de la medición una característica metrológica del instrumento de medición o una propiedad del resultado de la medición?

a.) Correcto

b.) Incorrecto

Solución

b.)

La propia definición establecida en el vocabulario de metrología nos da la respuesta: "parámetro, asociado con el resultado de la medición, que caracteriza la dispersión de valores que pudieran ser razonablemente atribuidos a la magnitud a medir".

Por lo tanto, es incorrecto utilizar la expresión "incertidumbre del instrumento de medición" ya que la misma es una interpretación errada del concepto de incertidumbre del resultado de la medición.

Un instrumento de medición no posee incertidumbre.

11. ¿La exactitud de la medición es una cantidad o es una cualidad?

a.) Cantidad

b.) Cualidad

Solución

b.)

Según el vocabulario de metrología, la exactitud de la medición es una cualidad que refleja el "grado de concordancia entre el resultado de una medición y un valor verdadero de la magnitud a medir"

Como el valor verdadero de lo que medimos no se puede conocer entonces la exactitud no puede ser cuantificada.

Para evaluar la exactitud del resultado de una medición podemos utilizar la incertidumbre de la medición que es un parámetro cuantificable.

12. ¿Es la precisión una característica cualitativa como la exactitud?

a) Si es una característica cualitativa

b) No es un parámetro cualitativo

Solución

b.)

La precisión no es un parámetro cualitativo, por lo general se expresa en términos de desviación estándar.

La precisión del resultado de la medición puede ser evaluada y cuantificada a través de los estudios de repetibilidad y reproducibilidad.

Estos estudios deben ser realizados de acuerdo a la metodología dada en la familia de normas ISO 5725.

13. La repetibilidad, la reproducibilidad y la incertidumbre son parámetros cuantitativos asociados al resultado de la medición. ¿Podemos afirmar que la repetibilidad o reproducibilidad de un método de medición (ensayo, calibración, etc.) es igual a la incertidumbre del resultado de la medición?

a.) Si. la repetibilidad o reproducibilidad es igual a la incertidumbre del resultado de la medición

b.) No. el valor de la repetibilidad o reproducibilidad de un método de medición no se puede tomar directamente como la incertidumbre del resultado.

Solución

b.)

Los estudios de reproducibilidad y repetibilidad de los métodos de medición nos pueden ayudar a realizar las evaluaciones de la incertidumbre del resultado de la medición, pero el valor de la repetibilidad o reproducibilidad de un método de medición no se puede tomar directamente como la incertidumbre del resultado de la medición. Es necesario considerar los aspectos que fueron tomados en cuenta en el estudio de precisión.

Bibliografía

"Elementos de Metrología", Ángel Mª Sánchez, Javier Carro.

"Metrología: Práctica de la Medida en la Industria", AENOR. Metrología Dimensional, Ramón Zeleny, Carlos González.

"Fundamentals of Dimensional Metrology", Ted Busch, Wilkie Brothers Foundation.

"Handbook of Dimensional Measurement", Francis T. Farago, Mark A. Curtis, 3rd ed., Industrial Press Inc.

"Metrology for Engineers", J. Galyer, C. Shotbolt.

"The Gauge Block Handbook", Ted Doiron, John Beers, Dimensional Metrology Group, Precision Engineering Division.

"Handbook of Geometrical Tolerancing", G. Henzold.

"Handbook of Surface Metrology", David J. Whitehouse.

"Development of Methods for the Characterisation of Roughness in Three Dimensions", K. J. Stout.

"Industrial Metrology: Surfaces and Roundness", Graham T. Smith.

"Técnicas de Mecanizado" Miguel D'Addario.

"Mecatrónica" Miguel D'Addario.

"Fertigungsmesstechnik", Wolfgang Dutsche, 3. Auflage, B. G.

"Genau Messen mit Koordinatenmessgeräten", Hans-Gerd Pressel.

"Instrumentación y control básico de procesos". José Acedo Sánchez.

"Procedimiento de calibración me-003 para la calibración de manómetros, vacuómetros y manovacuómetros", Centro español de metrología. Ministerios de Industria, Turismo y Comercio.

"Procedimiento TH-003 para la calibración por comparación de termopares". Centro Español de Metrología. Ministerios de Industria, Turismo y Comercio.

"Procedimiento de calibración TH-007 para la calibración de medidores de condiciones ambientales de temperatura y humedad en aire", Centro Español de Metrología. Ministerios de Industria, Turismo y Comercio

"Procedimiento de calibración TH-005 para la calibración por comparación de resistencias termométricas de platino", Centro Español de Metrología. Ministerios de Industria, Turismo y Comercio.

"Metrología para no metrólogos", Segunda Edición, Rocío M. Marbán y julio A. Pellecer.

"Metrology calibration and measurement processes guidelines", H.T. Castrup, W.G. Eicke, J.L. Hayes, A. Mark, R.E. Martin, J.L. Taylor. Jet Propulsion Laboratory, NASA.

Manual de
Metrología
Industrial

Historia, fundamentos, conceptos y ejercicios

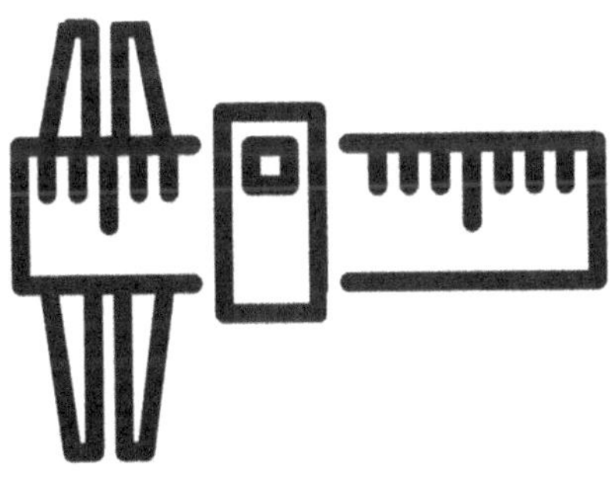

Edición EMD

Primera edición

Comunidad Europea

2021